核科普知识进高校教材

U0872215

核化工与核燃料工程专业导论

花　榕　主编

中国原子能出版社

图书在版编目（CIP）数据

核化工与核燃料工程专业导论 / 花榕主编. -- 北京：中国原子能出版社，2024.5

ISBN 978-7-5221-3409-3

Ⅰ. ①核… Ⅱ. ①花… Ⅲ. ①核化学-化学工程②核燃料 Ⅳ. ①TL

中国国家版本馆 CIP 数据核字（2024）第 099230 号

核化工与核燃料工程专业导论

出版发行 中国原子能出版社（北京市海淀区阜成路 43 号 100048）
责任编辑 王 朋 张一岫
装帧设计 侯怡璇
责任校对 冯莲凤
责任印制 赵 明
印　　刷 北京厚诚则铭印刷科技有限公司
经　　销 全国新华书店
开　　本 787 mm×1092 mm 1/16
印　　张 14.75
字　　数 220 千字
版　　次 2024 年 5 月第 1 版 2024 年 5 月第 1 次印刷
书　　号 ISBN 978-7-5221-3409-3 定 价 **80.00 元**

网址：**http://www.aep.com.cn** E-mail：**atomep123@126.com**
发行电话：**010-68452845**

编写人员

顾　问：花　明　刘云海　刘义保

主　编：花　榕

编　者（按姓氏笔画排序）：

于　涛　王　玲　李小燕

李　阳　李　然　花　榕

杜艳军　杨　波　张怀强

唐容婧　魏强林　彭煜恺

序　言

什么是核？为什么要学核？核可以干什么？这一困扰无数人的问题既是自然科学层面的，更是哲学层面的。在目前的认知水平上，普遍认为核是组成物质世界的核心要素。我们的生活离不开核，科学的发展也离不开核。因此，“核”是推动社会发展的一把神秘的钥匙，学习核意义重大。而在当前复杂多变的国际形势下，人才是第一生产力。人才的培养至关重要，高校作为人才培养的主阵地，必须结合时代需求，担负起新时代人才培养的重要使命；人才的培养从导论开始；因此，“专业导论”课程应运而生。

军工精神是在半个多世纪的艰苦历程中，熔铸而成的“核心意识、家国情怀、军人特质、担当奉献、工匠神韵、勇于创新”，是宝贵的军工精神和核工业精神的生动体现和拓展延伸。其蕴含的精神内涵正是核工业大学教育所需要的。核化工与核燃料工程专业导论是核化工与核燃料工程专业的一门专业必修课，是帮助新生了解专业、热爱专业，同时也是提高学生综合素质，初步让学生树立学习、工作目标、制订学业规划的重要课程。

本书主要介绍我国核科学与技术发展史、核工业发展史、东华理工大学发展史，以及我校核燃料与核化工专业发展现状，科普了什么是核、核燃料循环简要内容、核电的发展利用、核武器的种类、核技术应用等相关专业知识。在注重学生专业意识的同时，更注重学生的品德教育。期望学生能通过本课程的学习，从认知核、接受核、学习核到热爱核、利用核、把控核，把核科学的优势充分发挥，助力中华民族的伟大复兴，不断推动科技进步，最终造福人类社会。

目 录

第一章　核与核科学

自古以来，人类一直想从千变万化的自然现象中找到如何认识物质世界的客观规律，从而知道各种物质来源于何处？它们是由什么东西组成的？我们先来回顾一下人类对物质结构的认识过程吧。

第一节　核结构的认识过程

1.1　原子与原子核的认识过程

（1）古希腊时代与世界万物的起源学说

关于人类早期对物质结构的认识，综合起来大致可分为两种不同的论点：一种认为，世界上的一切都是由上帝创造的；另一种认为，万物皆由某些最基本的物质要素所组成。我国古代思想家曾提出“五行说”，用以说明世界万物的起源。在古希腊时代，也曾流行过类似的学说。如亚里士多德就曾认为，土、气、火和水是组成物质世界的基本要素，它们分别代表干、冷、热和湿四种不同的物质属性。

（2）德谟克利特与“原子说”

早期，在所有认为世界是由物质构成的学说中，影响最大的要算由德谟克利特首先提出的“原子说”，他的老师留基伯也是这个学说的创始人之一。他们都认为万物皆由大量不可分割的微小物质粒子组成，这种粒子被称为原子（希腊文“不可分割”之意）。

到 17 世纪，由于科学技术的发展，各种发明和发现纷至沓来，从而加深了人们对客观世界的认识。人们开始不仅限于用头脑思考提出各种概念，而是力求用实验来验证对自然现象所作的种种假说。

1661 年，英国化学家波义耳指出：“组成复杂物体的最简单物质，或在分解复杂物体时所能得到的最简单物质，就是元素”。在这里，被波义耳所采用的“元素”这个词的含义和我们今天的理解是相同的，即物质可由各种元素组成，它是用一般化学方法不能再行分解的最简单的物质。一定的化学元素，就有一定的性质。自然界中各种物体，不论是动物、植物和矿物，还是气体、液体和固体都是由各种元素所构成的，例如金和银，氧和氢都是元素。

（3）道尔顿与“原子分子学说”

1808 年后，另一位英国化学家道尔顿不但进一步发展了波义耳的元素概念，而且把德谟克利特的原子概念也更加具体化了。在研究总结了化学变化的许多重要规律的基础上，他与意大利化学家阿伏伽德罗提出了“原子分子学说”。

道尔顿曾构思了各种原子符号，当时他认为各种元素、单质都是由原子微粒所组成的。同种元素的原子都是相同的，反之则不同。另外，他又设想，在物质起变化时，一种原子可和其他原子结合。例如，木材燃烧时，一个碳原子和两个氧原子结合成二氧化碳。当时把这种不同原子的结合称为“复合原子”。

而阿伏伽德罗又把这种“复合原子”称作“分子”。他认为分子是组成物质的最小单元，而每个单元又能严格地保持和物质大量存在时所具有的相同性质。根据这个概念，人们就能方便地区分什么是原子？什么是分子？此外，他还确认原子是组成元素的最小颗粒，当不同元素的原子相互化合成化合物时就形成了分子。例如，氧气和氢气由许多氧分子和氢分子组成，而氧分子、氢分子又分别由氧原子和氢原子组成，人们日常生活中所不可缺少的水，就是由两个氢原子和一个氧原子结合成水分子所组成的，这就是所谓的“原子分子学说”。

总之，到 19 世纪中叶，人们已经知道了 55 种元素。有关原子、元素和分子的概念和学说也已被人们普遍接受，这就为核科学的发展奠定了坚实基础。

（4）伦琴与 X 射线

19 世纪末，物理学家们通过对电学的研究，不断思考物质的结构问题。他们采用自己独特的方法，对气体的放电现象进行了十分广泛的研究。

德国物理学家伦琴就是利用阴极射线管进行科学研究的杰出代表，并用它在 1895 年 12 月 28 日发现了 X 射线。

当时伦琴正对阴极射线进行仔细观察研究，突然发现放在一米外涂有亚铂氰化钡（它是一种荧光物质）的纸上也能发出一种青绿色的荧光。如果去掉阴极射线管上的高电压，阴极射线管停止工作，而亚铂氰化钡纸上的荧光也就同时消失。若再加上高电压使阴极射线管重新工作，纸上的荧光就又重现。奇怪的是当把纸慢慢移远时，竟然仍能见到闪烁的萤火。由此可知，纸上的荧光一定是由阴极射线管工作时所产生的。而当时已知的阴极射线只能穿过几厘米厚的空气层，故一定还有一种人们肉眼所不能见到的射线穿过阴极射线管的管壁，打在纸上，结果产生了荧光。

伦琴为了对这种神秘的射线能有更进一步了解，他又继续做了许多试验。例如，他用黑纸把整个阴极射线管严密地包封起来。又在阴极射线管和涂有荧光物质的纸间放置上千页厚的书，或几厘米厚的木板，或几毫米厚的铝板等。试验结果发现，无论是纸、木板、玻璃，甚至金属都不能挡住这种射线。这就说明所产生的射线确有很强的穿透能力。由于当时伦琴对这种射线的性质还不分清楚，故把它叫做“X 射线”。后人为了纪念伦琴的功绩，也称之为“伦琴射线”。

另外，伦琴还发现 X 射线能穿过墙壁，使相邻房间内的胶片感光。同时又发现它虽能容易地透过薄而轻（即密度小）的物质，但对厚而重（即密度大）的物质却很难穿过。例如，伦琴曾在暗室里把某种柔软物质或金属钥匙之类的硬物质放在照相底板上。然后，用 X 射线对准底片进行照射（也称曝光），结果发现射线能全部穿透柔软物质使底片全部曝光。

但在放有金属钥匙的底片上，却清晰地看到了一个和钥匙形状一样的未曝光区。他激动得难以抑制，一连几天关在奥兹堡大学的一间实验室里进行试验。几天后，他把夫人带到自己的实验室，向她讲述了他的新发现，并把一张黑纸包好的照相底片放在她的手掌底下，然后暴露在克鲁克斯管照射下，拍得了人类历史上第一张人体 X 光照片。这张珍贵的 X 光照片显现出伦琴夫人的手骨结构，连那枚结婚戒指的轮廓也在照片上留下了清晰的影子。

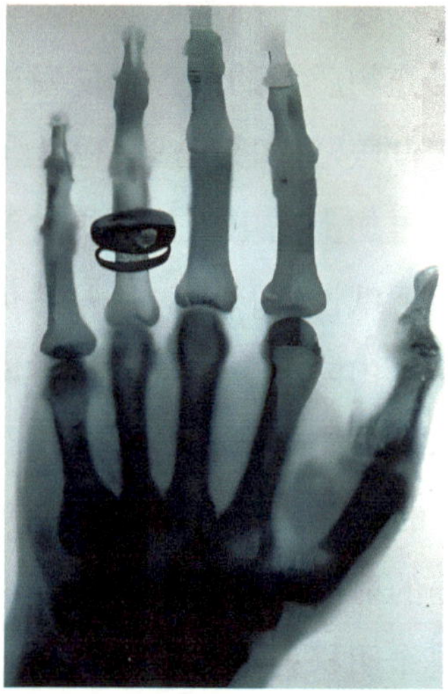

图 1-1　第一张显示人体手骨骼的照片

伦琴的伟大发现是在 1895 年圣诞节后公诸于世的。当时立即引起许多物理学家的注意。特别是医生在看到第一张显示人体手骨骼的照片后就更为激动。从此，他们可利用 X 射线拍片，察看病人的骨骼在何处破裂或直接寻找弹片和子弹在人体中的位置，以便及时治疗。

（5）贝可勒尔与放射性

X 射线的发现大大推动了近代物理学的发展。就在伦琴发现 X 射线的第二年（1986 年），贝可勒尔宣布“我研究过的铀盐，不论是发荧光的，还是不发荧光的，是结晶的熔融的或是在溶液中的，都有相同的性质，即不停地发出不可见的射线。这就使我得到结论：铀是主要因素。我用纯铀粉作了实验，证明了这个结论。”贝可勒尔终于发现了揭开物质内部秘密的又一把金钥匙——物质的放射性。他发现铀盐能放射出穿透力很强并能使照相底片感光的一种不可见的射线。经过研究表明，它是由三种成分组成的。一种是高速运动的氦原子核粒子束，称为 α 射线，它的电离作用大，贯穿本领小，它是一种是具有原子尺度的带正电粒子。另一种是高速运动的粒子（电子）束，称为 β 射线，它的电离作用较小，贯穿本领大，在外磁场中明显地偏向与 X 粒子相反的方向。第三种是波长很短的电磁波，称为 γ 射线，它的电离作用小，贯穿本领最大在外磁场中不发生丝毫偏转。

以上三种射线，由于它们的电离作用贯穿本领，在工业、农业、医学和科学研究中有重要的应用。

放射性的发现，带领人们走进原子核的微观世界。

（7）汤姆逊与电子

1858 年，德国盖斯勒制成了低压气体放电管。1859 年，德国普吕克尔利用盖斯勒管进行放电实验时看到了正对阴极的玻璃管壁上产生出绿色的辉光。1876 年，德国戈尔兹坦提出，玻璃壁上的辉光是由阴极产生的某种射线所引起的，他把这种射线命名为阴极射线。阴极射线是由什么组成的？19 世纪末时，有的科学家说它是电磁波；有的科学家说它是由带电的原子所组成；有的则说是由带负电的微粒组成，众说纷纭，一时得不出公认的结论。英、法科学家和德国科学家对于阴极射线本质的争论，竟延续了 20 多年。

到 1897 年，汤姆逊的出色实验结果面前，真相才得以大白。汤姆逊的实验过程是这样的，他将一块涂有硫化锌的小玻璃片，放在阴极射线所经过的路径上，看到硫化锌会发闪光。这说明硫化锌能显示出阴极射线的“径迹”。他发现在一般情况下，阴极射线是直线行进的，但当在射击线管的外面加上电场，或用一块蹄形磁铁跨放在射线管外面，结果发现阴极射线都发生了偏折。根据其偏折方向，不难判断出带电性质。汤姆逊在 1897 年得出结论：这些“射线”不是以太波，而是带负电的物质粒子。于是，他不禁好奇：“这些粒子是什么呢？它们是原子还是分子，还是处在更细的平衡状态中的物质？”这需要做更精细的实验。

当时还不知道有比原子更小的东西，因此汤姆逊假定这是一种被电离的原子，即带负电的“离子”。他要测量出这种“离子”的质量来。为此，他设计了一系列既简单又巧妙的实验：首先，单独的电场或磁场都能使带电体偏转，而磁场对粒子施加的力是与粒子速度有关的。汤姆逊对粒子同时施加一个电场和磁场，并调节到电场和磁场所造成的粒子偏转互相抵消，让粒子仍做直线运动。这样，从电场和磁场的强度比值就能算出粒子运动速度。而速度一旦找到后，单靠磁偏转或者电偏转就可以测出粒子的电荷与质量的比值。汤姆逊用这种方法来测定“微粒”电荷与质量之比值.他发现这个比值和气体的性质无关，并且该值比起电解质中氢离子的比值（这是当时已知的最大量）还要大得多，这说明这种粒子的质量比氢原子的质量要小得多。前者大约是后者的 1/2 000。

后来，美国物理学家罗伯特•密立根在 1913 年到 1917 年的油滴实验中精确地测出了新的结果，前者是后者的 1/1 836。汤姆逊测得的结果肯定地证实了阴极射线是由电子组成的，人类首次用实验证实了一种“基本粒子”——电子的存在。“电子”这一名称是由物理学家斯通尼在 1891 年采用的，原意是定出的一个电的基本单位的名称，后来这一词被用来表示汤姆逊发现的“微粒”。在这之前，一般都认为原子是“不能分割的”的，汤姆逊的实验指出，原子是由许多部分组成的，这个实验标志着科学的一个新时代。人们称他是“一位最先打开通向基本粒子物理学大门的伟人”。

由于这些放射性、X 射线、电子的重大发现，就使人们对物质结构的认识更加深化了，人们的思维已深入到原子内部，开始探索原子世界的奥秘。

（7）卢瑟福与 a 粒子散射实验

1909 至 1911 年，英国物理学家卢瑟福和他的合作者做了以α粒子轰击金箔的实验，这就是著名的卢瑟福散射实验。实验做法如下。

在一个小铅盒里放有少量的放射性元素钋，它发出的α粒子从铅盒的小孔射出，形成很细的一束射线射到金箔上。α粒子穿过金箔后，打到荧光屏上产生一个个的闪光，这些闪光可以用显微镜观察到。整个装置放在一个抽成真空的容器里，荧光屏和显微镜能够围绕金箔在一个圆周上转动。

根据汤姆逊模型计算的结果，α粒子穿过金箔后偏离原来方向的角度是很小的。

因为电子的质量很小，不到α粒子的七千分之一，α粒子碰到它，就像飞行着的子弹碰到一粒尘埃一样，运动方向不会发生明显的改变；而正电荷又是均匀分布的，α粒子穿过原子时，它受到的原子内部两侧正电荷的斥力相当大一部分互相抵消，使α粒子偏转的力不会很大。

图 1-2　卢瑟福

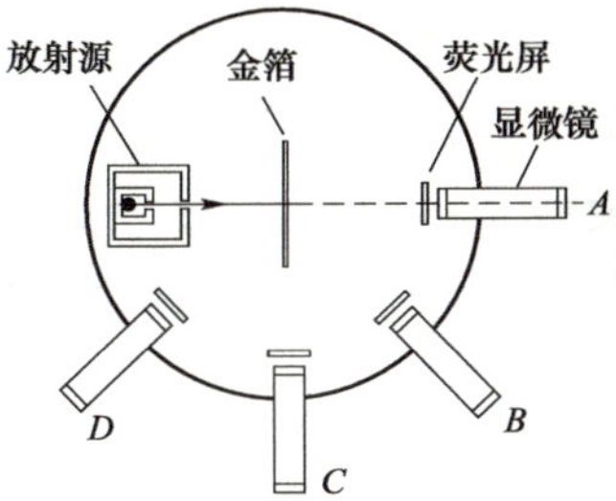

图 1-3　卢瑟福散射实验装置

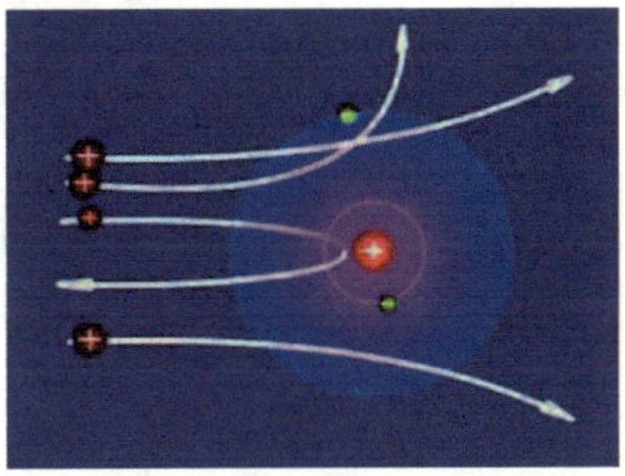

图 1-4　卢瑟福散射实验结果

然而实验却得到出乎意料的结果。绝大多数 α 粒子穿过金箔后仍沿原来的方向前进，少数粒子却发生了较大的偏转，并且有极少数粒子偏转角超过 90°，有的甚至被弹回，偏转角几乎达到 180°。基于散射实验，特别是粒子大角度散射现象，使卢瑟福感到惊奇，因为这需要有很强的相互作用力，除非原子的大部分质量和电荷集中到一个很小的核上，否则大角度散射是不可能的。

为了解释这个实验结果，卢瑟福在 1911 年提出了如下原子核式结构学说：在原子的中心有一个很小的核，叫做原子核，原子的全部正电荷和几乎全部质量都集中在原子核里，带负电的电子在核外空间里绕着核旋转。至此，人们终于认识到原子核的奥秘。原子核简称“核”。位于原子的核心部分，由质子和中子两种微粒构成。

在此基础上，随着粒子物理的发展，人们进一步地认识到质子又是由两个上夸克和一个下夸克组成，中子又是由两个下夸克和一个上夸克组成。原子核极小，它的直径在 10^{-15}～10^{-14} 米之间，体积只占原子体积的几千亿分之一，在这极小的原子核里却集中了 99.96%以上原子的质量。原子核的密度极大，核密度约为 10^{17} 千克/立方米，即 1 立方米的体积如装满原子核，其质量将达到 10^{14} 吨，即 100 万亿吨。

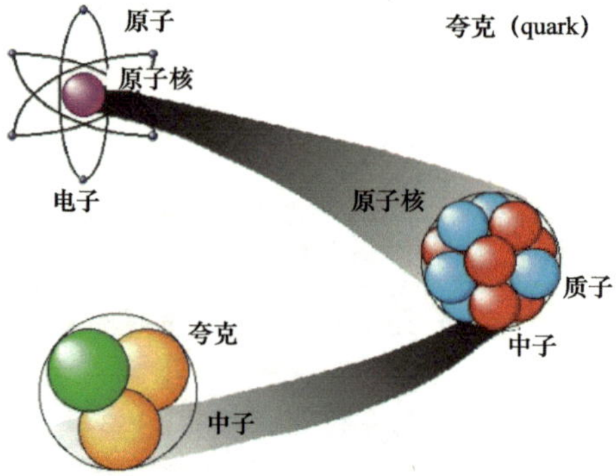

图 1-5　基本粒子

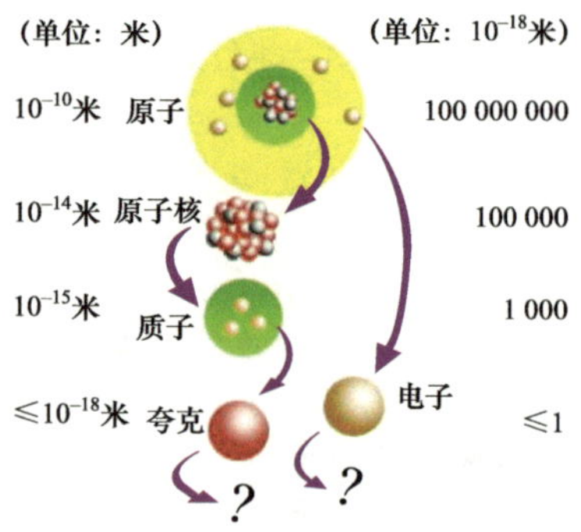

图 1-6　基本粒子直径大小

1.2　原子与原子核结构模型发展历程

原子结构模型发展是指从 1803 年道尔顿提出的第一个原子结构模型开始，经过一代代科学家不断地发现和提出新的原子结构模型的过程。

（1）道尔顿实心球模型

道尔顿模型（1803 年）：原子是一个坚硬的实心小球，提出了世界上第一个原子模型。

① 原子都是不能再分的粒子；② 同种元素的原子的各种性质和质量都相同；③ 原子是微小的实心球体。

虽然，经过后人证实，这是一个失败的理论模型，但道尔顿第一次将原子从哲学带入化学研究中，明确了今后化学家努力的方向，化学真正从古老的炼金术中摆脱出来，道尔顿也因此被后人誉为“近代化学之父”。

图 1-7　实心球体模型

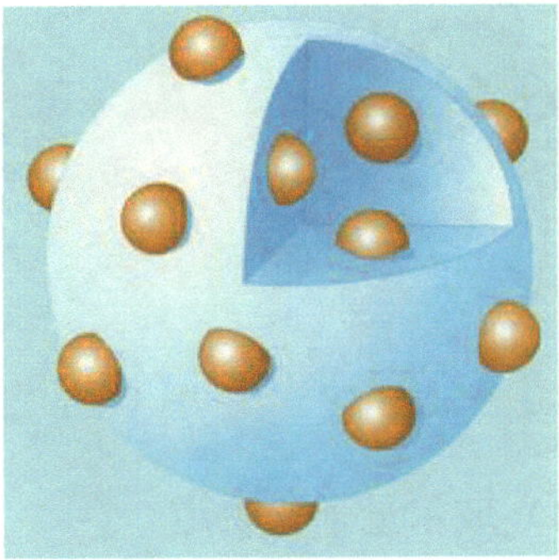

图 1-8　枣糕模型

（2）汤姆逊葡萄干蛋糕模型

汤姆逊在 1897 年发现电子，否定了道尔顿的“实心球模型”。1904 年，汤姆逊认为原子是一个带正电荷的球，电子镶嵌在里面，原子好似一块“葡萄干布丁”，故名“枣糕模型”或“葡萄干蛋糕模型”；或是像西瓜子分部在西瓜瓤中，所以也叫“西瓜模型”。

原理：① 电子是平均分布在整个原子上的，就如同散布在一个均匀的正实心球体电荷的海洋之中，它们的负电荷与那些正电荷相互抵消。② 在受到激发时，电子会离开原子，产生阴极射线。

（3）卢瑟福行星模型

汤姆逊的学生卢瑟福完成的 α 粒子轰击金箔实验（散射实验），否认了葡萄干面包式模型的正确性。

1911 年卢瑟福提出行星模型：原子的大部分体积是空的，电子按照一定轨道围绕着一个带正电荷的很小的原子核运转。

行星模型由卢瑟福在提出，以经典电磁学为理论基础，主要内容如下。

① 原子的大部分体积是空的，② 在原子的中心有一个很小的原子核，③ 原子的全部正电荷在原子核内，且几乎全部质量均集中在原子核内部。带负电的电子在核空间进行绕核运动。

图 1-9　行星模型

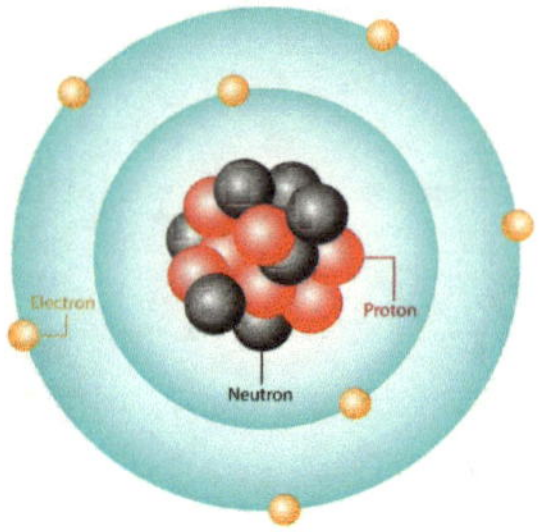

图 1-10　量子轨道模型

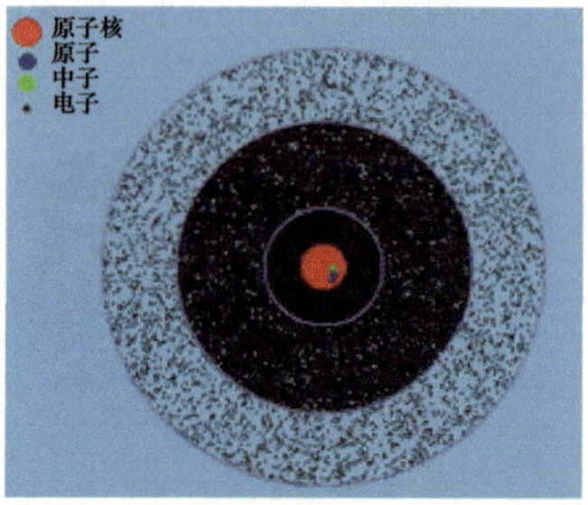

图 1-11　电子云模型

（4）玻尔量子化轨道

1913 年，玻尔模型电子不是随意占据在原子核的周围，而是在固定的层面上运动，当电子从一个层面跃迁到另一个层面时，原子便吸收或释放能量。

为了解释氢原子线状光谱这一事实，玻尔在行星模型的基础上提出了核外电子分层排布的原子结构模型。

玻尔原子结构模型的基本观点如下。

① 原子中的电子在具有确定半径的圆周轨道上绕原子核运动，不辐射能量。② 在不同轨道上运动的电子具有不同的能量（E），且能量是量子化的，轨道能量值以 n（1，2，3，…）的增大而升高，n 称为量子数。而不同的轨道则分别被命名为 K（$n=1$）、L（$n=2$）、M（$n=3$）、N（$n=4$）、O（$n=5$）、P（$n=6$）。③ 当且仅当电子从一个轨道跃迁到另一个轨道时，才会辐射或吸收能量。如果辐射或吸收的能量以光的形式表现并被记录下来，就形成了光谱。

（5）现代电子云模型

20 世纪 20 年代以来现代模型（电子云模型）电子绕核运动形成一个带

负电荷的云团，对于具有波粒二象性的微观粒子在一个确定时刻其空间坐标与动量不能同时测准，这是德国物理学家海森堡在 1927 年提出的著名的测不准原理。

原子核模型是在实验事实的基础上建立的描述核结构的模型。由于至今对于核力还不能作严格而全面的描述，为了说明核结构特性，只能在实验事实的基础上建立有关核结构的唯象模型，再将由此得出的结果与更多的实验事实作比较，使之完善充实。

从 20 世纪 30 年代认识核由质子和中子组成后，到目前为止，物理学家提出了许多原子核模型。最著名的有：1932 年费米提出的气体模型的原子核结构；1935 年由玻尔和费伦克尔提出的液滴模型；1949 年由迈耶夫人和简森各自提出的壳层模型；由玻尔和莫特尔逊于 1953 年提出的集体运动模型（综合模型）。这些模型都能解释一定的实验事实，但不能说明另外一些事实，还没有一种结构模型能够统一说明各种事实。综合各种模型可以获得比较全面的原子核结构的图像。下面介绍一些比较基本而影响颇大的核结构模型。

① 费米气体模型

费米气体模型是费米在 1932 年提出的最原始的独立粒子模型，他把核子（中子和质子）看成是几乎没有相互作用的气体分子，把原子核简化为一个球体，核子在其中运动，遵守泡利不相容原理。

把原子核视同一团气体，视同气体分子的核子（费米子）在半径为 R 的核内彼此无相互作用地自由运动，因而可视为在无限深势阱中运动的模型。由此计算核能级并给出激发态的一些有用信息。费米气体模型的成功之处是揭示了原子核中核子在一定条件下近乎独立的行为，在它的基础上今已发展成为壳层模型。

② 液滴模型

主要的实验事实依据是核的密度通常为很大的常数，显示核基本上是不可压缩的；原子核的比结合能近乎为常数，核的结合能正比于核子数，表明核力具有饱和性，核子只与邻近的几个核子相互作用。这与宏观的液滴甚为相似。据此，N.玻尔等人提出液滴模型，把原子核看成一个带电的不可压缩液滴，根据液滴的经典运动规律对原子核作动力学描述，并适当加入量子效应引起的修正；以后又逐步增加一些新的自由度，如将质子、中子分别看成两类流体，甚至将自旋取向不同也看成不同流体，并引入可压缩性、粘滞性等性质。根据液滴模型可得出准确度相当高的原子核质量半经验公式，在一定程度上可说明原子核的表面振动，相当成功地说明原子核裂变的机制。其不足是不能说明原子核性质的周期性变化现象。

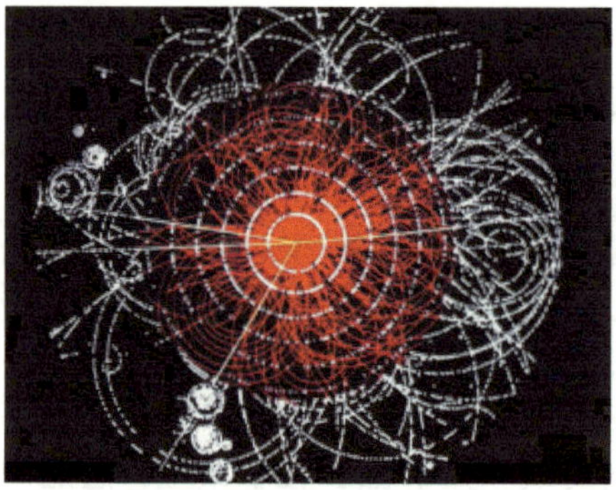

图 1-12　费米气体模型

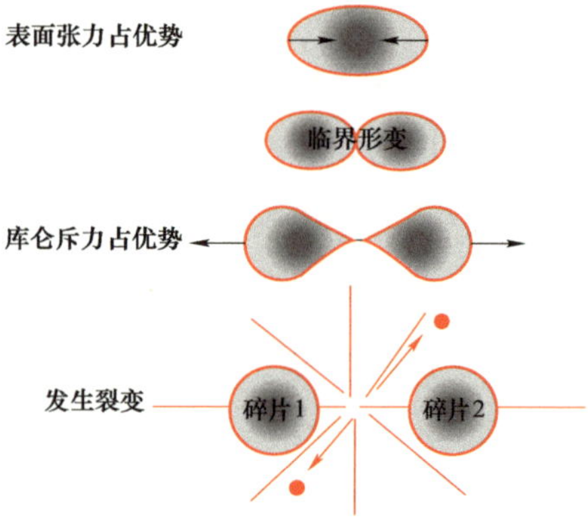

图 1-13　液滴模型中的原子核裂变

③ 核壳层模型

因研究幻数而提出的核模型。大量实验事实显示随着核内质子和中子数增大，核的性质呈现某种周期性变化，当质子数 Z 或中子数为 2、8、20、28、50、82 以及中子数为 126 时，原子核显得特别稳定，在自然界的含量也比邻近的核素更丰富。这些数称为幻数，具有幻数的核称为幻数核。这与核外电子填满壳层时的惰性元素化学性质特别稳定有类似性。因此考虑核子在其余 A-1 个核子联合作用下的球对称中心势场中的运动，并考虑核子的自旋轨道强耦合作用，可以得出核子由低到高的能级结构。这些能级构成一些壳层。

核子遵从泡利不相容原理，不可能有两个质子或两个中子处于完全相同的状态，由此可说明核子填充各能级（壳层）显示的核性质周期性变化现象，并得出与实验符合的全部幻数。核壳层模型还能很好地说明核基态的自旋和宇称；其不足在于对核的电器极矩、磁矩的定量说明同实验结果有较大的偏离，确定远离满壳层的核自旋也有些偏差。

④ 集体运动模型

集体运动模型，又称综合模型，是在壳层模型和液滴模型的基础上发展起来的，一方面考虑核作为集体的转动和振动，另一方面考虑每个核子又在一个变动的非球对称的平均势场中作独立运动，这两种运动还有相互影响。根据综合模型可很好说明核的转动能级和振动能级，关于核的电器极矩、磁矩以及 γ 跃迁率的计算和实验值的符合程度也都有明显改善。

1.3　结合能与质能方程

构成原子核的质子和中子之间存在着巨大的吸引力，能克服质子之间所带正电荷的斥力而结合成原子核，使原子在化学反应中原子核不发生分裂。当一些原子核发生裂变（原子核分裂为两个或更多的核）或聚变（轻原子核相遇时结合成为重核）时，会释放出巨大的原子核能，即原子核的结合能（例如核能发电）。

这个能量可以由爱因斯坦质能方程 $E=mc^2$ 计算出来，式中为 E 能量，m 为质量，c 为光速。也就是说，一切物质都潜藏着质量乘于光速平方的能量。从来没有一个科学界的公式有如此广泛的意义。

在物理学“奇迹年”的 1905 年，它是由一个叫爱因斯坦的年轻人提出的。同年他还发表了《论动体的电动力学》——俗称狭义相对论。这个公式告诉我们，能量和质量是可以互换的。

与之相应的另一个公示是 $\Delta E=\Delta mc^2$，Δm 表示质量亏损，说明当一个系统的质量变化了 Δm 时，相应变化的能量为 ΔE。一个系统的能量减少时，其质量也相应减少；当另一个系统接受因而增加了能量时，质量也有相应增加。

爱因斯坦的故事

不拘小节的大师

有一次，他要把墙上的一幅旧画换下来，就搬来一架梯子，一步一步爬上去。突然，他又想起一个问题，沉思起来，忘记自己在做什么了，猛地从梯子上摔下来。摔到地上以后，他顾不得疼痛，马上想到：人为什么会笔直地掉下来呢？看来物体总是沿着阻力最小的线路运动的。爱因斯坦想到这里便马上站立起来，一瘸一拐地走到桌边，提笔把自己的这个想法记了下来。这对他正在研究的问题—相对论有很大的启发。1930 年，德国出版了一本批判相对论的书，书名叫做《一百位教授出面证明爱因斯坦错了》。爱因斯坦闻讯后，仅耸耸肩道："100 位？干吗要这么多人？只要能证明我真的错了，哪怕是一个人出面也足够了。"

成功的秘诀

有一次，一个美国记者问爱因斯坦关于他成功的秘诀。他回答："早在 1901 年，我还是 22 岁的青年时，我已经发现了成功的公式。我可以把这公式的秘密告诉你，那就是 A＝X＋Y＋Z！A 就是成功，X 就是努力工作，Y 是懂得休息，Z 是少说废话！这公式对我有用，我想对许多人也一样有用。"

图 1-14 爱因斯坦

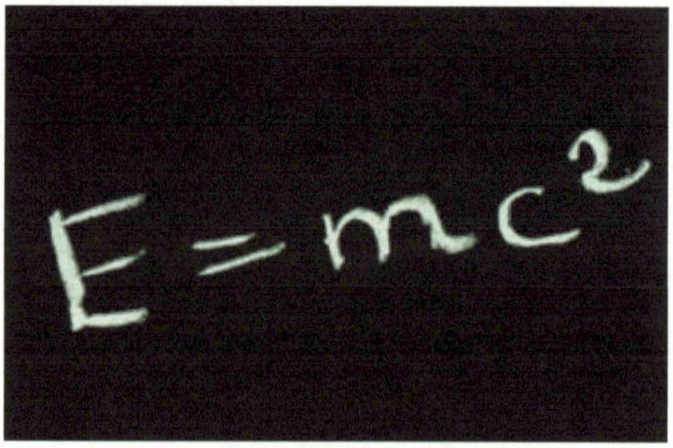

图 1-15 爱因斯坦质能方程

第二节 原子核的衰变

2.1 不稳定原子核的发现

有些原子核是稳定的，如 ^{1}H、^{2}H、^{12}C、^{133}Cs 等。有些原子核是不稳定的，能经过放射出粒子而转化为稳定的原子核，例如 ^{3}H、^{14}C、^{137}Cs、^{235}U 和 ^{252}Cf 等，可经 β 衰变、γ 跃迁、α 衰变和自发裂变等方式转化为稳定的原子核。实验上发现的核素已有 2 000 多种，其中只有经 300 种是稳定的。

1896 年由贝可勒尔（获 1903 年诺贝尔物理奖）在铀矿物中发现射线，人们开始认识到原子核的不稳定性，可经 β 衰变、γ 跃迁、α 衰变和自发裂变等方式转化。

2.2 核的衰变

在没有外界影响的情况下，原子核自发地发射粒子并发生改变的现象称为原子核的衰变。

原子核发生变化时，伴随着能量的释放。这些释放出的能量就是高能射线，比如 α 射线、β 射线和 γ 射线等。

人们在磁场中发现，不稳定的原子核放出射线有三种成分：

一种在磁场中偏转，与带正电荷离子流相同；

一种在磁场中偏转，与带负电荷离子流相同；

一种在磁场中不偏转。

分别叫做α、β、γ射线。α射线是氦核，带正电荷，贯穿本领小；β射线是高速电子流，带负电，贯穿本领较大；γ射线是波长很短的电磁波，贯穿本领大。

此外，还有中子发射、质子发射、裂变等。

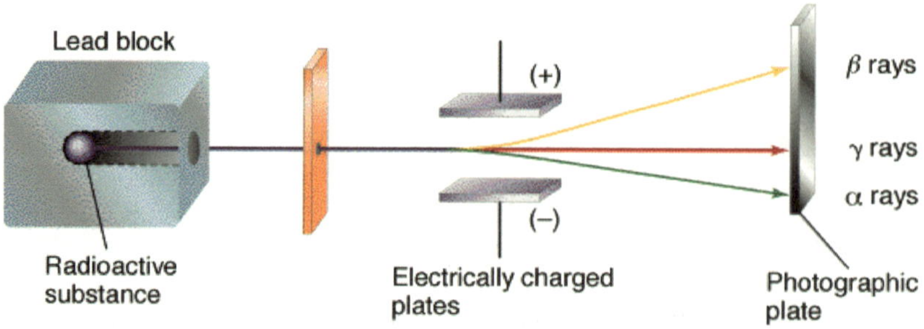

图 1-16　α、β、γ射线穿过磁场

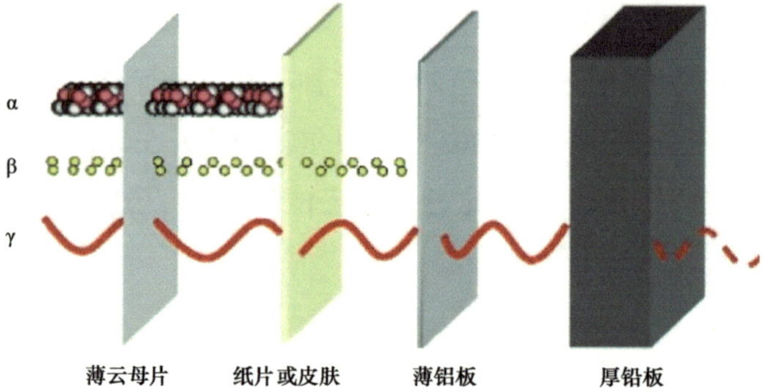

图 1-17　α、β、γ射线的穿透能力

2.3　放射性衰变的基本规律

在一定量的放射性核素中，虽然所有的核都可能发生衰变，但各个核并不同时衰变，而是有先有后。统计地看，在一定时间内具有确定的几率。

放射性原子核的衰变过程是相互独立、彼此无关的，每个核什么时候衰变纯属偶然。但实验表明，对大量核而言，其衰变遵从指数规律 $e^{-\lambda t}$ 衰减，λ 称为衰变常数，它与放射源的半衰期 $T_{1/2}$ 之间满足关系：

$$\lambda = \ln 2/T_{1/2}$$

初始时刻，即 $t=0$ 时刻放射性原子核的数目为 $N(0)$，t 时刻放射性原子核的数目为 $N(t)$，根据衰变规律可得：

$$N(t) = N(0)e^{-\lambda t}$$

由此可知，任意时刻一定量的原子核剩余数目是多少，再根据放射源核素本身的性质，可以知道放射性水平，用放射性活度来表示，定义为：单位时间内发生衰变的原子核数。以 A 表示，表征放射源的强弱。

定义 $t=0$ 时刻放射性活度为 A_0，即满足

$$A_0=\lambda N_0$$

则 t 时刻为：

$$A=A_0\mathrm{e}^{-\lambda t}$$

第三节　核能的释放

3.1　核聚变

核聚变就是小质量的两个原子核合成一个比较大的原子核，核裂变就是一个大质量的原子核分裂成两个比较小的原子核，在这个变化过程中都会释放出巨大的能量，前者释放的能量更大。

核聚变反应在宇宙中是很普遍的现象。在太阳和许多恒星内部，温度高达 100 万度以上，太阳内部连续进行着氢聚变成氦的过程，它的光和热就是由核聚变产生的。太阳每秒放出的能量约为 3.8×10^{26} 焦耳，到达地球的仅约 20 亿分之一，但对人类的意义却非常大。一是没有太阳就没有生命，没有人类；二是我们利用的能源绝大多数来源于太阳。如：石油、煤、天然气、水能、风能、生物能、沼气等。

3.2　核裂变

在目前人类发现的两千多种原子核中，绝大多数原子核是不稳定的，它们在自发、缓慢地变成新核的过程中放出能量。地球内部巨大的热能就是地球在漫长的演化过程中，由岩石中所含的铀、镭、钍等放射性元素衰变中释放的能量积累而来。地热是一种取之不尽、洁净的能源。现在，世界上许多国家已利用地热取暖、育种、发电等。

核的裂变能已被人类用之于军事、经济和科研等方面。现在的核能主要是利用原子核的裂变能，重要的裂变材料有 ^{232}Th、^{233}U、^{235}U、^{239}Pu 等。核能能量密集，核电站地区适应性强，运转费用低，收益大。因此，世界各国尤其发达国家竞相发展核电站。

举个例子：1 克 ^{235}U 完全发生核裂变后放出的能量相当于燃烧 2.5 吨煤所产生的能量。聚变能则更大，单位质量的氘核聚变是单位质量 ^{235}U 裂变所放出能量的 4 倍左右。

参考文献

[1] 卢水旺. 原子核模型的研究 [J]《技术物理教学》，2003，11（1）：20-21
[2] 郑乐民. 原子物理 [M]. 北京：北京大学出版社，2010.

第二章　中国核工业发展史

自 19 世纪末人类发现放射性核素以来，经过 100 余年的发展，核能、核技术的研发与应用不断取得实质性突破，现在已经与人们的生活和工作紧密相连。

核电是人类利用核能推动经济发展，造福社会的主要形式之一。从 1954 年苏联建成首座商用核电站到现在，核电技术也经历了从第一代原型堆到第二代商业反应堆，再到第三代先进大功率核反应堆的迭代升级，以及对安全性、经济性更高的第四代核电技术的探索和实践。

第一节　核能的探索

核能是人类历史上的一项伟大发现，这离不开科学家的探索发现，他们为核能的发现和应用奠定了基础。

科学家对核能的探索，最早可追溯到 19 世纪末英国物理学家汤姆逊发现电子开始，人类逐渐揭开了原子核的神秘面纱。

- 1895 年，德国物理学家伦琴发现了 X 射线。
- 1896 年，法国物理学家贝可勒尔发现了放射性。
- 1898 年，居里夫人与居里发现放射性元素钋。
- 1902 年，居里夫人经过三年又九个月的艰苦努力又发现了放射性元素镭。
- 1905 年，爱因斯坦提出质能转换公式。
- 1914 年，英国物理学家卢瑟福通过实验，确定氢原子核是一个正电荷单元，称为质子。

- 1935 年，英国物理学家查德威克发现了中子。
- 1938 年，德国科学家奥托·哈恩用中子轰击铀原子核，发现了核裂变现象。
- 1942 年 12 月 2 日，在美国芝加哥大学成功启动了世界上第一座核反应堆。
- 1945 年 8 月 6 日和 9 日，美国将两颗原子弹先后投在日本的广岛和长崎。

第二节　支撑中华脊梁的核工业

100 多年前，随着法国科学家贝可勒尔首次发现天然放射性，小小原子核中蕴含的巨大能量便走入人类视野，开启了核能应用的时代。在世界领域内，谁对核能拥有更强的掌控能力，谁就能掌握更有分量的话语权。今天的中国，已经成为世界核工业领域内的先行者和领导者。但中国核工业从无到有，从有核国家到核强国的道路却并不是一帆风顺的。

2.1　乌云下的微火——核工业的诞生

西方国家的“核垄断”与“核敲诈”

核工业的诞生，还要先从美国讲起。19 世纪 50 年代，美国作为世界上顶尖的工业国，在 1945 年 7 月 16 日成功试爆原子弹，1952 年 11 月 1 日成功试爆氢弹。与此同时面对着一个积贫积弱、百废待兴的新中国，美国还毫无顾忌地使用手中的核弹牌去恐吓、敲诈中国。1950 年抗美援朝时期，美国总统杜鲁门接受记者采访时，被问到对朝鲜战争的看法时，他就说美国会对朝鲜局势采取任何有必要的军事措施，并且美国积极考虑使用原子弹，这是其一种新武器。这种核武器的威胁犹如中华大地上的一片乌云，笼罩在每个人头顶上。

美国曾三次对华“核讹诈”

晨阳

笼罩在蘑菇云阴影下的朝鲜战争

美国前军事分析师丹尼尔·埃尔斯伯格近日向美国《纽约时报》披露了一份五角大楼机密文件。这份撰写于1966年的美军研究报告显示，在1958年8月23日炮击金门战役开始后，美国军方高层曾考虑过对中国大陆发动“核打击”。这已经不是中国第一次遭遇美国的核讹诈了，在中国第一枚原子弹爆炸前，美国曾多次叫嚣对中国实施核打击。

杜鲁门宣布考虑使用核武器惹风波

金门炮战 美在台部署核导弹

密谋与苏联一起摧毁中国核设施

图 2-1　美国对华的“核垄断”和“核敲诈”

敲诈与垄断总是如影随形。西方国家在对我国进行“核敲诈”的同时，任何核武器研究资料都进行了技术封锁，妄图实现“核垄断”。

2.2　启蒙之声——居里夫人的传话

任何大事总不是按一维发展的。当中华民族在国际社会上受到西方国家的“核威胁”时，还有一群人在幕后为中国核工业的建立不断努力。核工业的建立需要专业人才和一个必不可少的资源——铀矿。专业人才方面，新中国成立之后大批科学家回到祖国怀抱。其中不乏像钱学森、邓稼先、钱三强等这样的顶尖人才。这大大提高了我国科学技术水平，为我国核工业的建立保驾护航。

同时，居里夫人的学生杨承宗回国。约里奥-居里请杨承宗传话：“你回去转告毛泽东，你们要保卫世界和平，要反对原子弹，你们必须自己拥有原子弹。原子弹不是那么可怕的，原子弹的原理也不是美国人发明的。你们有自己的科学家嘛……”这话点醒了我们，中国也可以制造自己的原子弹！

图 2-2　约里奥-居里夫人

1955 年 1 月 15 日，毛泽东主席在中南海主持召开中共中央书记处扩大会议，做出建立和发展中国原子能事业的战略决策，从此中国开始了核工业建设和核武器研制的秘密历程。

2.3　决定命运的石头——开业之石

中国核工业的开始——第一块铀矿石的发现

核工业建立最后一个阻拦者出现在面前——铀资源。1954 年 10 月，20 余位年轻人从北京出发，奔赴广西。他们的任务是寻找一种带有放射性的矿石——铀矿。

铀是原子序数为 92 的元素，其元素符号是 U，是自然界中能够找到的最重元素。在自然界中存在三种同位素，均带有放射性，拥有非常长的半衰期（数十万年—45 亿年）。此外还有 12 种人工同位素（^{226}U～^{240}U）。

铀在 1789 年由马丁·海因里希·克拉普罗特发现，是核裂变反应的主要元素，是制造原子弹的核心材料。第二次世界大战期间，美国率先发现并利用了铀的核裂变技术，制造并使用了原子弹。铀元素裂变反应后释放出的巨大威力，也震惊了全世界。

铀矿作为核工业的粮食，是整个核工业不可缺少的一环。若不能找到大量铀资源去支持核工业的运行、原子弹的研发，即使有再好的技术也没有用，毕竟巧妇也难为无米之炊。

1943 年 5 月，地质学家南延宗在广西调查锡钨矿的时候，偶然在一个矿区的石壁上发现很多黄色粉末状物质，出于职业敏感，他立即刮取少许，后来经过检测，发现物质中有铀的存在。同年 8 月，他和同伴吴磊伯随民国中央研究院地质研究所所长、地质学家李四光到广西，途中，再次顺道到钟山县黄羌坪对该铀矿点进行复查，发现这里的铀矿物是沿着一条钨锡伟晶花岗岩脉中的断层面上生长，虽然产量不多，但千真万确是铀矿，这是中国第一次发现铀矿！

南延宗等人便将这次发现写进了论文，这篇论文于 1943 年 12 月在《中国地质学会志》刊发，名为《记广西东部几种矿物》，它首次描述磷酸铀矿、脂状铅铀矿、沥青铀矿等次生铀矿，引起了学术界关注。1944 年 4 月，南、吴二人又在《地质论评》发表了《广西富贺钟区铀矿之发现》，对铀矿的发现作了详细报道，之后又整理资料撰写了《广西花山花岗岩之流线与岩脉排列之关系》一文，并发表在 1945 年《地质论评》第十卷。后来，工作队便根据论文提供的线索来到广西。广西，成为寻找铀矿的重点地区之一。

1954 年 2 月，地质部成立矿产普查委员会第二办公室，负责铀矿勘察工作。

图 2-3 成立矿产普查委员会第二办公室

当时地质部用来勘探铀矿的工具叫伽马辐射仪，就是这个身体长长的宝贝，能叫铀矿“说话”。它遇到铀等放射性物质时，会发出一种尖锐且单调的声音，而这种声音对工作队来说，就是天籁之音，这意味着他们的辛苦勘察有了回应。

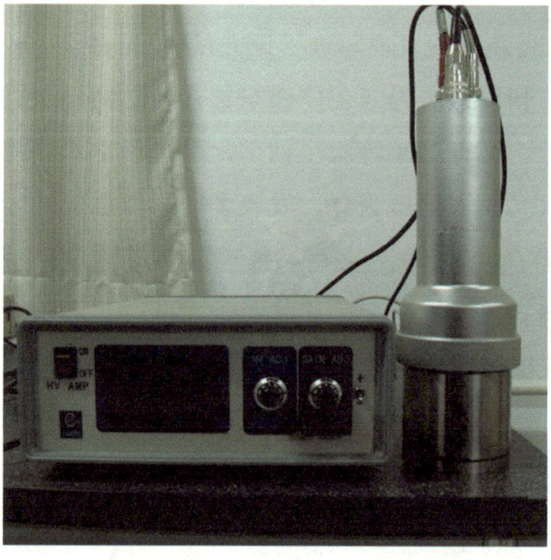

图 2-4 FD-117 型地面伽马能谱仪

1955 年 1 月 15 日下午，这块采自广西的铀矿石被带进中南海，呈送给毛泽东主席和周恩来总理。毛泽东和周恩来等中央领导在听取了物理学家钱三强，地质部部长李四光、副部长刘杰等人的汇报后，在伽马辐射仪的扫描下，这块铀矿石再次发出尖锐的声音。毛主席握着刘杰的手说：“这是关系国家命运的大事，好好干！”当天，国家正式做出发展原子能事业的战略决策。

图 2-5　位于金银滩原子城 221 基地二分厂 209 工号部分复原的旧貌

从这天的这块石头开始，代号二机部九局的中国核武器研究所应运而生，青海金银滩的原子城拔地而起。一大批科学家和数以万计的技术员，汇聚到祖国的大西北，中国由此拉开了“两弹”研发工程的序幕。

可以说，这块带有美丽黄色花纹的铀矿石，见证了中国核工业的起步与发展，也被誉为中国核工业的“开业之石”。

图 2-6　“开业之石”

2.4 筑起中华脊梁——原子能时代的开端

在位于北京房山的中国科学院原子能研究所（现今的中国原子能科学研究院），矗立着一组蓝色磁铁和一座橙色混凝土塔，从外观看，它们似乎没有什么特别之处，但它们却为中国核工业历史增添了一笔浓重的色彩。这就是中国第一台回旋加速器和第一座重水反应堆，它们不仅打开了全新的科学世界，也奠定了中国新时代的崛起，一起见证了中国原子能事业从零起步的奇迹。

原子能时代的开端

20 世纪 50 年代，部分西方国家已经在原子能的军事和民用领域取得重大进展，新中国创建自己的原子能工业迫在眉睫。1955 年初春，钱三强向周恩来作了关于原子能研究的汇报后，也提出了一个紧迫困难："在设备和器材方面，我们最需要的是一台回旋加速器和一座实验性反应堆。"

图 2-7　1958 年 6 月 10 日，我国第一台回旋加速器调试出束

党中央立刻做出了大力发展中国原子能事业的战略决策，而钱三强提出的"一堆"和"一器"，是进行原子能研究和利用的重要科研平台，缺一不可。

1955 年 4 月，中国政府代表团与苏联政府签订了《关于为国民经济发展需要利用原子能的协定》（以下简称《协定》）。这意味着在核科学领域，苏联方面将向我国提供一座 7 000 千瓦的重水型实验性反应堆和一台直径 1.2 米的回旋加速器，并接受我国工程技术和科研人员去苏联考察学习反应堆和加速器的理论、运行、维修，以及在这些设备上进行科学研究的有关技术工作。

《协定》签订后，中共中央政治局会议便立即做出在国家建设委员会成立建筑技术局的决定。1955 年 7 月 1 日，建筑技术局成立，任务是筹建原子反应堆和加速器等重大科学工程。

身为第一任副局长，钱三强上任后的第一项工作就是为反应堆和加速器安家。根据勘察结果，北京西南郊房山坨里地区被选定为新的研究基地，这也是今天中国原子能科学研究院（以下简称“原子能院”）所在地。

图 2-8　中国原子能科学研究院外景

在建设新基地的同时，原子能科学技术人才的选拔与培养也在紧锣密鼓进行。1955 年秋冬，钱三强担任团长，率领 39 名科技人员组成考察学习团分两批赴莫斯科，在苏联理论与实验物理研究所（在当时称“热工研究所”）等单位实习。他们的主要任务是在回旋加速器和实验性重水反应堆上实习，以便回国后参加苏联援建设备的安装、调试、运行和利用。

1956 年 5 月 26 日，苏联援建的“一堆一器”开工兴建。短短两年多，昔日的荒滩野岭间出现了一座原子科学城，成为我国第一个比较完整的综合性原子核科学技术研究基地。1958 年 6 月 10 日，我国第一台回旋加速器第一次得到质子束并且到达内靶；同月 13 日 18 时 40 分，我国第一座重水反应堆首次达临界。7 月 1 日，《人民日报》刊登了这则消息，并称“它们的建成标志着我国已经开始跨进了原子能时代”。1958 年 9 月 27 日，国务院在中国科学院原子能研究所（原子能院前身）举行隆重的移交生产典礼。

以“一堆一器”为起点，新中国很快突破了核弹、导弹和人造卫星等尖端技术，取得举世瞩目的辉煌成就。中国原子能科学研究院从零起步，发展出核物理、同位素技术等八大学科，为我国核领域研究奠定了坚实的基础，也照亮了中国人“永不受制于人”的强国梦想。从这一天开始，我国原子能科学发展步入新征程。

图 2-9　1958 年 6 月 13 日，我国第一座重水型实验性反应堆首次临界

以第一座重水反应堆为起点，1964 年，原子能院自主建成我国第一座游泳池式反应堆（49-2 堆）。这是我国自主设计建造的第一座反应堆，至今已安全运行 50 余年，主要用于医用、工业用同位素生产，材料辐照考验，单晶硅辐照嬗变等。2017 年 12 月，49-2 堆成功实现连续供热 168 小时，目前泳池堆供热示范工程已经全面启动。

1984 年，原子能院自主建成我国第一座微型中子源反应堆（以下简称“原型微堆”），随后相继在国内建造了 5 座，并出口了 5 座。2010 年，原子能院自主研发设计建成一座多用途、高性能研究堆——中国先进研究堆，其主要技术指标居世界前列、亚洲第一。同年，原子能院建成我国首座快堆——中国实验快堆，标志着我国在占领核能技术制高点、建立可持续发展的先进核能系统上迈出了重要一步。

从第一台回旋加速器出发，1963 年，原子能院建成 2.5 MeV 质子静电加速器，为核物理研究工作创造了良好条件。1987 年，北京 HI-13 串列静电加速器在原子能院建成，目前已稳定运行超过 10 万小时。1994 年，原子能院研制成功 30 MeV 强流质子回旋加速器，并以此为基础建设了我国第一个中短寿命放射性同位素生产基地，填补了我国加速器生产同位素的空白。

2007 年，原子能院自主设计研制我国首台高能大功率电子辐照加速器——10 MeV/15 kW 电子直线辐照加速器，已累计稳定运行超过 31 000 小时。2014 年，原子能院自主研制的 100 MeV 强流质子回旋加速器建成出束，成为国际上最大的紧凑型强流质子回旋加速器。2018 年 5 月，该院无损检测电子直线加速器实现了首次出口。

2.5　艰难险阻——第一颗原子弹原料背后的故事

一条于荒山建立的生产线，在化工机械的昼夜运转中，打下了第一条中国核工业发展的前端基业。

1955 年，中国在做出发展核武器的决定后，地质勘察队在湖南和江西发现了铀矿。制造原子弹所需要的原料供应，终于有了保障。原子弹的材料是铀，准确来说是铀-235，但发现金属铀都处在与其他元素共生或伴生的化合状态，含量仅为0.3%～0.5%，这与原子弹核燃料99.99%以上的纯度要求相差甚远。

铀的提取冶金具有三个特点。第一，铀矿石品位很低，一般含铀（$^{238}U+^{235}U$）0.1%～0.2%，而其中^{235}U仅为0.000 7%～0.001 4%，想要获得纯铀，必须经过一系列富集、提纯过程。第二，富集、提纯后的铀还需要再经过同位素分离，制成不同丰度的浓缩^{235}U。整个过程工艺过程繁杂，并存在辐射危害问题。因此，想要获得纯度99.99%以上的铀成了难题。

1958年，在衡阳南郊的一片不毛之地，一座肩负着使命的工厂——湖南一厂开始建设。这里本是荒山野岭，举目而望，只有几栋简易的办公室，其他都是用杉树皮盖顶的简易平房。这里缺水、缺电、缺住房……但在很短的一段时间里，来自全国各地成百上千的技术工人、干部以及大量复员转业的官兵们，都涌向了这个荒芜之地，他们誓要在这片土地上，建设我国首批核工业基地之一。

图2-10　原湖南一厂一车间2号矿仓

1958 年 8 月的一天，正值酷暑，地面温度高达 50 ℃，无数建设者却打着赤脚，向 8 万立方米土方挺近，他们要推平 45 米的山头，建起中国第一座铀水冶纯化厂。从此，这座代号 272 的工厂（现为中核二七二铀业有限责任公司），带着中国核工业发展的希望走进我们的视野。272 厂的核心任务，就是对铀矿石进行提纯，达到要求的纯度。

272 厂主要应用的提纯方法叫做湿法提铀。所谓湿法提铀，就是将铀矿石与水和不同化学溶液接触，不断发生反应，以达到提纯的目的，因此，也被形象地称为“水冶”。水冶，自然需要水源的保障，272 厂定址衡阳南郊东阳渡，北临湘江，有着天然的地理优势。

作为矿石与核燃料的分水岭，272 厂的任务无比艰巨。成千上万吨铀矿石被秘密运往 272 厂，这些矿石在水冶生产线上，它们与水融合又分离，再融入新的化学溶液中，直到形成一种淡黄色液体，这代表铀元素已经从矿石转至溶液，此时溶液中铀的浓度接近 1%。如果说水冶是铀矿石的第一次蜕变，那么纯化，则是对铀的进一步提纯。

图 2-11　铀矿提纯过程的中间产物——黄饼

黄饼，是纯化过程的中间产物，铀含量可达 60%，这距离 272 厂的最终产品，只有一步之遥。黄饼被送入煅烧炉后，近千度高温会使它的分子结构再次发生改变，这是纯化生产线中最后也是最关键的一环。

1962 年 9 月 29 日，272 厂迎来第一批正式产品——只见呈黑色粉末状的二氧化铀从煅烧炉推入包装容器，这也意味着中国第一次实现了二氧化铀工业化生产。

1963 年 3 月，载着首批二氧化铀产品的专批列车驶离 272 厂，继续向中国第一颗原子弹核燃料研制的后续环节出发！

2.6 困难坎坷——原子弹的研发

中国核工业的诞生最初目标是为了原子弹的研发。相对于核工业诞生的顺利，原子弹的研发就要显得困难重重。中国第一座重水型实验用反应堆和回旋加速器建成并投入运行后的同年，我国决定成立特种工程指挥部，代号 7169 部队。1959 年，以 7169 部队为先锋，加上从全国各地调来的大批工程部队，一共组成 10 万多人的大部队，并秘密地向着西北戈壁滩——罗布泊驶去，这些民族的英雄们不知道自己将去往何方，他们知道的是他们要为中华民族筑起脊梁。自此，中国原子弹的研制也就拉开了帷幕。

图 2-12　当年戈壁滩建设场景

到 21 世纪初期，中国核工业经历了两个发展阶段。第一阶段从 1955 年至 1978 年，我国成功研制了原子弹、氢弹和核潜艇，建立了一套比较完整的核工业体系。第二阶段从1979年至今，核电站建设成功起步，形成了精干高效的新型核科技工业体系。

1955年至1958年间，在苏联的帮助下，在核科学技术和核工业领域，中苏两国政府先后共签订了6个协定。1958年7月的一天，苏联政府派出3位核武器专家抵达北京，向中国方面讲授“压紧型”原子弹的有关知识。

当时主管核工业的是第二机械工业部（以下简称“二机部”）。这天部里的会议室安静极了，全场除了苏联专家的讲解，就只有记笔记的“沙沙”声。见此情景，苏联驻二机部总顾问与正在讲课的苏联专家耳语了几句，苏联专家立即停下说：“不许记笔记！否则，我就不讲了。”

二机部部长宋任穷见状，立即说：“我是部长，这事我负责，会后把笔记本一律收回，大家不要再记录了。”

可惜，中国核工业发展在经历短暂的春天后，随着中苏关系的恶化，迎来了寒冬。1960年，苏联政府撕毁了经济援助合同，并单方面撤走专家，停止供应我国建设需要的重要设备。无独有偶，我国正处于3年自然灾害时期，许多地方出现粮食短缺。在面临百姓生活艰难局面的同时，苏联对我国却步步紧逼，进行经济压迫，中国工业发展由此陷入僵局。

在这样一个艰难的处境下，对于原子弹研制工作的必要性开始激烈讨论，反对者认为现在苏联撤走了所有的科学家，加之中国经济现在十分困难，自己研制原子弹的困难程度很大，成功遥遥无期。并且这项工程花费巨大，劳民伤财。我们应该先注重民生问题，把原子弹研发任务搁置。而支持者则认为中国面临的国际形势严峻，南方有美军（此时大批美军在越南），北方有强大的苏联，西面有蠢蠢欲动的印度，东面有威胁依在的日本，所以我们迫切需要有强大的国防武器，来保障我们国家的安全。原子弹的研发与发展民生可以一起发展，只要合理安排，就不会冲突。陈毅元帅更是霸气地说：“哪怕中国人当掉裤子，也要搞出原子弹！”

但所谓没有调查就没有发言权。中央派出时任副总参谋长的开国上将张爱萍和国防科委副主任刘西尧到二机部所属单位进行考察，确认我国是否可以研制出原子弹，研制周期又要多久？经过对二机部所属厂、矿、研究院所进行细致的考察后，张爱萍与刘西尧向中央递交了考察报告，其中叙述了原子能工业建设和原子弹研制进展情况，并详细列举了蕴含在国民经济中有利于研制的各种因素，并且确定了原子弹可以在 1965 年前实现第一次试爆。这打消了人们之前的深深疑虑。

苏联撤走专家后，周总理说："他不给，我们自己动手，从头摸起，准备用 8 年时间搞出原子弹。"

确定原子弹研制继续之后，我国加紧了原子弹的研制。中央政府成立了以周恩来总理为主任、由 7 位副总理和 7 位部长组成的"中央专委会"。全国先后有 26 个部委、20 个省（区、市），包括 900 多家工厂、科研机构、高等院校以及解放军各军兵种参加了攻关会战。1960 年 3 月，从中央各工业部门和科学技术部门抽调 106 名高级科技专家到核工业重要岗位上工作。1962 年 9 月，又抽调 126 名高级科技专家充实核工业建设。

这是一场与时间赛跑的工程。该时期我国在国际上与苏联关系交恶，在边境上时常发生摩擦。美国也一直派高空侦察机来监视我们国内军工厂的一举一动，并在国际上威胁要用飞机去轰炸我国核设施。我们只有研制的过程再快一点，被发现的概率才能小一点，才能早一点强大自己的国防力量，不需要受到外国的压迫。

在戈壁滩上，无数科学家、科研工作者、工人隐姓埋名来到这里。他们不能告诉家人自己到哪去了，干什么工作的，他们的事迹甚至不能对外宣告，只有在多年以后才可能会被人知道。但是正因为他们的加入，中国原子能工业建设和核武器研制的步伐才能大大加快。

1964 年 10 月 16 日下午 3 时，我国第一颗原子弹在西部大漠深处引爆成功！当看到天空升起巨大的"蘑菇云"，现场的工作人员都激动地紧紧相拥在一起，热泪夺眶而出。当晚 10 时左右，中央人民广播电台向全世界公布了这一重磅消息。

图 2-13　第一颗原子弹爆炸

首次核试验的成功，标志着中国国防现代化进入了一个新阶段。中国人在世界上的形象也因此迅速提升，世界各地的华人腰杆子也硬了起来。传闻在原子弹爆炸试验的前一天，纺织部优秀代表郝建秀正带领一个代表团到欧洲参加一个活动，在意大利转机时，被告知没有机票，只能在宾馆等候。谁知第二天在听闻原子弹爆炸试验成功后，航空公司就主动找到她并送来了机票。

2.7　氢弹背后的秘密——氢弹怎么做是大家猜出来的

1964 年 10 月 16 日下午 3 时整，伴随着剧烈的爆炸声，罗布泊上空腾起巨大的蘑菇云。中国第一颗原子弹成功爆炸。时隔 2 年零 8 个月，1967 年 6 月 17 日上午 8 时 20 分，我国又氢弹试验成功，震惊世界的蘑菇云异常炫目耀眼，“东方巨响”彻底震惊了世界。至此，我国科学技术再一次达到新水平，有力地打破了超级大国的核垄断和核讹诈，提高了我国的国际地位。

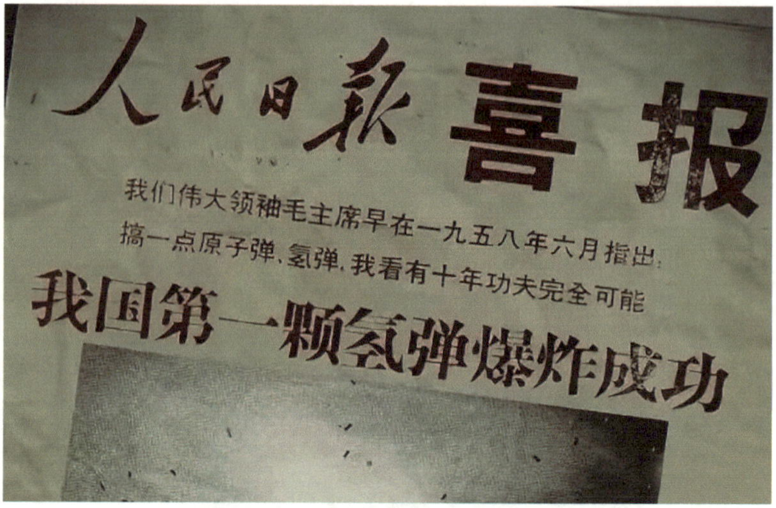
人民日报 喜报

我们伟大领袖毛主席早在一九五八年六月指出：
搞一点原子弹、氢弹，我看有十年功夫完全可能

我国第一颗氢弹爆炸成功

图 2-14 《人民日报》刊登氢弹爆炸成功的喜报

中国先于法国成功地进行了第一颗氢弹爆炸试验，成为世界上第四个拥有氢弹的国家，另外三个国家是美国、苏联和英国。从第一颗原子弹试验到第一颗氢弹试验，美国用了 7 年零 4 个月，苏联用了 4 年，英国用了 4 年零 7 个月，法国用了 8 年零 6 个月，而中国，仅用了 2 年零 8 个月。

法国一位专家曾问钱三强：中国为什么能在这么短的时间里进行氢弹爆炸试验？钱三强的回答是，“材料准备得早，理论准备得早”。实际上，还在原子弹理论的攻坚阶段，中国科学院近代物理所一幢普通的灰色屋子里，几名科学家就开始了另一项秘密研究。

1960 年，钱三强找黄祖洽谈话：“你是不是组织一批人先走一步，探索氢弹的原理？”原来，党中央领导决定，在研制原子弹的同时，还要在原子能所成立一个小组进行氢弹预研，由此，“中子物理研究小组”正式成立。黄祖洽被任命为“轻核理论小组”组长，首先开展氢弹的理论预研。不久，苏联回来的何祚庥和一直从事核理论研究的于敏也都参加到这个小组中。

1964 年 5 月，毛泽东在听取有关部门的第三个五年计划时就曾明确指出：“原子弹要有，氢弹也要快。”但是氢弹的研制，在理论和制造技术上比原子弹更为复杂。在当时的国际环境下，各国对氢弹的技术严加保密，

中国对核工业还处于摸索状态，谁也不知道氢弹怎么做。

1965 年 1 月，二机部决定把原子能所轻核理论组的 30 多人调入九所，一起攻关氢弹理论。邓稼先任理论部主任，于敏任理论部副主任。

图 2-15　邓稼先（左）和于敏（右）

此时，我国已经掌握了原子弹技术，又通过预先研究对热核材料和热核燃烧的有关现象及规律获得了一些重要的认识，为突破氢弹奠定了比较好的基础。

李德元在接受采访时说过："氢弹的理论研究听起来激动人心，实际过程却是十分枯燥单调，那是一帮子耐得住寂寞的人，整天就是埋头'算题'，然后把计算结果细心地一点一点地点在坐标纸上供大家讨论，很难产生一般电视剧和电影所追求的戏剧效果。"

可是科学的奇迹，就是在这日复一日的枯燥计算中诞生的。

从 1965 年的春天开始，彭桓武让周光召、于敏、黄祖洽三位科学家各自率一个研究小组，从不同方向对氢弹原理展开猛攻。但计算结果表明，周光召和黄祖洽的技术途径都有各自的困难，探索突破氢弹之路一时陷入了僵局。

8 月 27 日，理论部召开全体人员大会，彭桓武认为应该调整突破氢弹的思路和步伐。大会最终决定，理论部的大部分人力在北京利用 119 计算机继续探索突破氢弹的途径，同时，于敏率领的第 13 研究室的一部分研究人员到上海华东计算技术研究所，利用该所的 J501 计算机完成加强型原子弹优化设计的任务。

图 2-16　为我国原子弹、氢弹研制成功做出贡献的 J-501 电子管计算机

加强型原子弹虽然含有热核材料，但是热核燃烧不充分，只对原子弹的威力起到辅助作用，还不是氢弹。简单地说，就是利用当时已经掌握的加强型原理，靠拼材料、拼个头、拼重量的办法，优化设计一颗飞机载得动的百万吨级热核弹头，尽量达到氢弹的威力。

这其实是迫不得已的应急办法。但“应急”可不是凭空而来。当时的世界格局形势严峻，冷战愈演愈烈，美苏核军备竞赛节节攀升。苏联在 1961 年试爆的氢弹“沙皇炸弹”（又称“赫鲁晓夫炸弹”“大伊万”），当量达到疯狂的 5 900 万吨（苏方公开资料为 5 000 万吨）。“沙皇炸弹”原设计为 1.75 亿吨当量，不过苏联当局忧担心试爆后的核子落尘会带来严重的环境污染以及外交纠纷，因此将核弹缩减为 5 000 万吨的爆炸威力。“沙皇炸弹”爆炸后，4 000 千米范围内的高频通信，甚至美军设在阿拉斯加的预警雷达均全部失灵，时间长达 20 小时。以此为参照，普通原子弹的核威慑能力就太弱小了。

中国的氢弹研究前路尚不明朗，只能先用加强型原子弹壮壮声势。没想到的是，于敏等人以优化加强型原子弹为目的的上海之行，却给氢弹研究找到了突破点。这次上海之行，也被称作“百日会战”。

1965 年 9 月底，“蒙特卡洛研究方法”小组背着被子、带着脸盆来到了位于上海嘉定的华东计算所“五班”。“五班”是九所理论部在华东计算所工作时的代号。“蒙特卡洛计算法”于 20 世纪 40 年代由美国在“曼哈顿计划”中提出，也称为统计模拟方法，对于核武器研究来说是一种非常重要的数值计算方法。数学家冯·诺伊曼用驰名世界的赌城——摩纳哥的蒙特卡洛来命名这种方法，为它蒙上了一层神秘色彩。

根据“百日会战”时担任理论部科研室副主任的蔡少辉回忆，那年 9 月 23 日，组长吴翔带领“蒙特卡洛小组”四人：雷光耀、胡锦、张锁春、郑玉珍抵达上海华东计算所。

在他们到上海的前一天，先遣小分队就已经在紧张地准备上计算机使用的计算程序，“估计他们至少比我们要早到一天，这就是上海‘百日会战’的起始点。”蔡少辉回忆。

图 2-17　今天的华东计算技术研究所

于敏也赶到上海，然而在最初的日子里，研究进行得并不顺利。利用J501 计算出的加强型原子弹的设计数据并不令人满意，而对这个结果，于敏一点都不意外。

事实上，早在原子能研究所“轻核理论组”进行氢弹应用基础研究时，大家就曾经对原子弹中加入聚变材料的加强型原子弹进行过探索，不过那时是在缺乏必要的原子弹知识的情况下进行的。当时就发现在加强型原子弹中，聚变材料虽然能起到加强原子弹威力的作用，但由于聚变材料燃烧不充分，这种加强作用也是不充分的。

转机发生在国庆节后的一天。

那天，张锁春带“蒙特卡洛小组”的同事去“五班”接班时，还未进入机房的门，就听到另外一个组的人在机房里大叫起来：“发现新大陆了！”

计算机得到了一个意想不到的威力高达 300 多万吨的测试新结果，大家都十分兴奋。经过分析，查找发现“新大陆”原因时人们才发现，这次成功测算竟然缘于一个错误。负责计算模型数据准备的一个年轻组员把一处密度参数填错了，这才出现了“新大陆”。

虽然是一处错误，却给了科研人员意外的收获：要获得威力高的氢弹，最重要的因素之一是提高轻核材料的密度。也就是说，设计氢弹应该走高密度这条路。

新思路打开后，新问题也随之而来：要达到这么高的密度，仅依靠炸药是绝对办不到的。此前人们曾希望原子弹起爆后就能给聚变材料创造自持燃烧所需要的高温、高密度条件，但计算结果表明，情况并非如此。

根据于敏等人的分析，在加强型中，原子弹爆炸后会出现许多物理因素，有的起好作用，有的起破坏作用。限于弹体的构型，它们不可能很好地配合。如何选用性能合适的材料，采取什么样的构型，才能促进起好作用的物理因素，抑制起破坏作用的物理因素？大家又陷入苦苦的思索之中。

这时，于敏提出了一个大胆的猜想。

11 月 1 日晚上，华东计算技术研究所 J501 机房里，所有人都紧张地忙碌着，等待着一个奇迹的出现。纸带卷上缓缓地输出令人兴奋的数字，计算的结果和于敏先前预测的一样。兴奋之余，大家临时又加算了一个材料比例不同的模型，结果也不坏。隔天，另一个模型的计算也取得了完美的结果。

于敏高兴地说："我们到底牵住了'牛鼻子'！"他当即给北京的邓稼先打了一个耐人寻味的电话："我们几个人去打了一次猎……打上了一只松鼠……"

邓稼先听出是好消息："你们美美地吃了一顿野味？"

"不，现在还不能把它煮熟……要留做标本。"

"我们有新奇的发现，它身体结构特别，需要做进一步的解剖研究，可是……我们人手不够。"

"好，我立即赶到你那里……"

这是为了保密，于敏在使用只有他们才能听懂的隐语，暗指氢弹理论研究的突破。

1965 年 11 月 8 日，邓稼先乘飞机抵达上海。

当时大家的工资都很低，邓稼先的工资略高一些，大家都把他当成"财神爷"。一见到邓稼先，大家都欢呼雀跃，于敏也要他请客犒劳大家。邓稼先详细了解情况后，立即把上海发现的有关物理现象、规律和突破氢弹原理的方案带回到北京，留在北京的李德元，听到来自上海的喜讯也都十分振奋。

于敏后来回忆说，当时虽然掌握了突破氢弹的关键所在，但要创造热核材料充分燃烧的条件，还是相当困难的事情。因为原子弹有多方面的破坏作用，其能量是很难驾驭和控制的。

这时候，善于进行复杂计算的"蒙特卡洛小组"出场了。邓稼先亲自向"蒙特卡洛小组"下达了任务，要求在半个月内为于敏提出的理论编出一个新程序出来，并要计算出结果。

"蒙特卡洛小组"四位学数学的同志在余下的时间里齐心协力，日夜苦战，终于在 11 月 25 日交出了令人满意的计算结果。

按照"百日会战"的研究结果，我国第一颗氢弹的结构应该包含有初级和次级两个部分。用来为自持聚变反应创造条件、起引爆作用的原子弹爆炸装置，称为“初级”或“扳机”，又称为引爆弹；使热核装料发生聚变反应释放出能量和中子并诱发铀-238 外壳发生裂变反应释放出更多能量的氢弹主体部分，称为“次级”或“被扳机”，又称为氢弹主体。而高威力氢弹爆炸时释放的巨大能量，主要来源于氢弹主体部分。

12 月 9 日至 10 日，在青海的九院召开了 1966 到 1967 年核武器科学研究与生产两年规划讨论会。于敏向与会者详细介绍了利用原子弹作为“扳机”（“初级”）来引爆“被扳机”（“次级”）的两级氢弹原理理论设想方案，以及实现该方案所必须解决的关键技术问题与结构问题。

1966 年初，九院实验部制定了爆轰模拟试验方案，在青海金银滩上进行了一系列爆轰模拟试验，解决了引爆弹的关键技术问题。

5 月 9 日，飞机空投爆炸了含有热核材料的原子弹。10 月 27 日，这里又进行了导弹核武器试验。

“扳机”核试验后，中国只对外宣称“又成功地进行了一次新的核爆炸”。实际上，这是中国的首次氢弹原理试验，由于有意识地限制了它的爆炸威力，所以也可以称作减当量的氢弹试验。

图 2-18　中国第一颗氢弹（左）和第一颗原子弹（右）的模型

“公开资料说，中国从研制原子弹到氢弹，总共用了 2 年零 8 个月，但是在九院很多人看来，12 月 28 日实际上就是中国氢弹试验成功的日子。它距中国第一颗原子弹爆炸，仅相隔 2 年 2 个月。”李德元在采访中说道。

1967 年 6 月 17 日，中国第一颗氢弹在中国西部地区上空爆炸成功。消息一出，全世界为之惊叹，中国在如此短暂的时间里自主突破氢弹技术，成为美、苏等核大国的一个未解之谜。

但是，参与了整个中国氢弹理论研究的亲历者清楚地知道，这个奇迹是由多少人的汗水和泪水才换来的。

氢弹原理理论设想方案的诞生不是偶然的，是原子能研究所轻核理论组和九所理论部的科研人员，前后历时近 5 年时间殚精竭虑地探索和研究的结果，是集体辛劳和智慧的结晶。

2015 年，为氢弹理论突破立下最大功绩的于敏，在近九十高龄之际获得了国家最高科技奖，而这位睿智的学者谦虚地说：核武器是千千万万人共同的事业，我只是献出了自己微薄的力量，国家选择了我，我很幸运。

50 年过去了，老科学家或两鬓斑白，或已离世，但回忆那段为氢弹而拼搏的岁月，心中仍旧激动而骄傲。

第三节　核电站建设

3.1　“二机部”不能光是爆炸部，要搞原子能发电

原子弹和氢弹爆炸成功后，党中央又把目光转到原子能和平利用核动力电站的建设上。

核电站，是利用铀-235 核裂变反应所释放的能量进行发电的发电厂，1 克铀-235 裂变释放的能量，相当于 2 700 千克标准煤完全燃烧所释放的能量。与传统火力发电相比，核电无疑更经济、高效、安全、环保。

1954 年，苏联率先建成世界上首座核电站奥布灵斯克核电站。紧接着，

美国等西方国家也相继建成一批商用核电站。一场关乎中国核工业发展起步的浪潮正愈来愈近。

最早释放宏观信号的是中央。1956 年 1 月，时任国务院总理的周恩来在一次会议上说："原子能给人类提供了无比强大的动力源泉，给科学的各个部门开辟了革新的远大前途。"这也是可考证的、国家领导人最早明确为原子能发展"背书"的定调之一。

1969 年底，来自上海的一份紧急报告写道：上海是我国命脉产业的基地，由于少煤缺电，许多工厂面临停产，更有新办的工厂不敢开工建设，上海的运输能力已承载不了更多的运载任务，仅用煤一项就占用上海海上运输能力和铁路运输能力的一半还多……

市场的供需反应适时而来，上海和华东地区电力短缺的问题，引起了中央的着急和担忧，也更加坚定了要尽快筹建核电站的决心：中国首座核电站是时候该建起来了！

1970 年 2 月春节前夕，周恩来指示：从长远来看，华东地区缺煤少油，要解决华东地区用电的问题，需要搞核电，同意上海市研发核电站。

周恩来总理同时也批示道："二机部不能光是爆炸部，要和平利用核能，搞核电站！"

历经多年酝酿，一项重大的历史决策终于催生落地。1974 年 3 月 31 日，周恩来在北京召开的中央专委会上亲自审查批准了《上海"七二八"核电工程建设方案》及《"七二八"核电站设计任务书》，指出："一定要以不污染国土、不危害人民为原则。"对这项工程来说，掌握核电技术的目的大于发电，它也为中国核电建设指明了方向。

不久，上海方面正式向国务院上报了关于筹建核电站的报告。拟定了成立核电站建设工程领导小组，准备以"大会战"的形式建设此项工程。工程对外统一称"728"工程，取意周总理批示之日。组建"728 办公室"（现称上海市核电办）、"728 院"（上海核工程研究设计院），实施"728 工程"。

至此，中国核电发展正式起步。

3.2　中国核电“零的突破”

1978 年，邓小平提出“军民结合、平战结合、军品优先、以民养军”的十六字方针后，国防科技工业开始实行军民结合，要求国防工业服从和服务于国家经济建设大局，为经济建设服务，以四个现代化建设带动国防现代化。国防科技工业为与国民经济相结合。核电站作为核军工领域的一个优秀示范，带领着核军工向着军转民的领域一直迈进。中国首座核电站建设的正式起步，一触即发。

1981 年 10 月 31 日，国务院批准国家计委等五委一部《关于请示批准建设 30 万千瓦核电站的报告》。1982 年 6 月 13 日，浙江省人民政府、核工业部正式上报《关于请示批准 30 万千瓦核电站厂址定在浙江省海盐县秦山的报告》。同年 11 月，国家经委批复同意核电站厂址定在浙江海盐县秦山。1982 年 12 月 30 日，在第五届全国人大第五次会议上，中国政府向全世界宣布建设秦山核电站的决定。1991 年 12 月 15 日，秦山 30 万千瓦压水堆核电站首次实现并网发电，实现了中国大陆核电“零的突破”。

图 2-19　20 世纪 80 年代建设中的秦山核电站

回忆那一刻，秦山核电站第一任厂长于洪福难掩激动：就是零的突破，多少年的辛苦，大家期盼这天，实现了，感动、激动得掉眼泪。中国的核电要发展，以我为主，秦山这条路难度很大，但是成功了。

秦山核电站结束了中国大陆无核电的历史，使中国成为世界上第七个能自行设计建造核电站的国家。秦山核电也是我国核电事业从无到有、从小到大的缩影。

图 2-20　秦山核电基地今貌

作为中国核电发展的“摇篮”和“红船”，30 年来，秦山核电逐步掌握了多项核电关键技术，并培养了一大批核电专业技术技能人才，成功实现了“中国核电从这里起步”“走出一条核电国产化的道路”“核电工程管理与国际接轨”的历史跨越。

如今，秦山核电基地总装机容量已从最初的 30 万千瓦，发展到 660 万千瓦，每年可输送电量超过 500 亿千瓦时，成为我国核电机组数量最多、堆型最全面、核电运行管理人才最丰富的核电基地，也是当之无愧的国之光荣。

第三章　点亮未来文明之光的核电

通过谷歌地球，可以从卫星的角度欣赏地球夜景，那星星点点的灯光显示出了人口中心和经济中心的所在。你是否知道：这些灯光最亮的地区，几乎都有已建或在建核电机组？而点亮这些灯光的电力，有 15%以上来自核电站？而且如果没有核电，现代文明之光就将无法延续？

第一节　文明存续，系于一技——应对气候、能源危机的利器

你能想象海平面升高 70 米之后世界的样子吗？那些文明之光最璀璨的地区都将没入沧海。为什么是 70 米？这是考虑两极和格陵兰的冰川全部融化且不考虑冰川下地壳反弹的模拟结果。

众所周知，化石燃料燃烧所排放的二氧化碳是全球变暖、海平面上升的罪魁祸首。如果世界能源组织（WEO）为全人类制订的 2050 二氧化碳减排目标不能实现（其中 19%的份额有赖于核电），海平面升高很可能将在这个世纪发生！而且很可能正如上一个冰河期结束时那样，发生在某个短短的十年之内！

即使不顾及气候危机，人类也无法再像以前一样大肆地挥霍化石燃料了。据最新统计，按当今的消耗速率，全球已探明储量的石油只够再开采 50 年、天然气只够 52 年（不考虑可燃冰）、煤只够 153 年！而按照当前的发展速率，它们留下的能源缺口，单靠水电、风电、太阳能、潮汐能与生物发电是远远不能填补的！

有谁愿意放弃现代高能耗的生活方式、回到远古时代吗？如果不愿意的话，也不用担心。人类已经掌握了应对气候危机、能源危机的利器——核电。

在我国国务院 2015 年发布的《能源发展规划》中明确将核电划归为今后应大力发展的清洁能源。核电只在建设阶段有较多二氧化碳排放，而且核燃料运输过程消耗的能量和排放的碳也极低。由于 1 千克纯铀-235 完全裂变所释放的能量相当于 2 000 吨标准煤燃烧，所以发展核电以代替火电对于减少碳排放是非常有效的。更可喜的是，随着技术发展，可用作核燃料的物质在地球上越来越丰富！铀资源至少可以再满足人类百年之需，钍资源又可再满足 400 年，一旦核聚变成功实现商业化供电，届时数千年内人类将不再有能源之忧！

用法国阿海珐集团总裁的话来说：核电是当前唯一可靠的解决方案（在不降低现代人生活水平的前提下）。诚然，核电历史上发生过致人死亡的核事故，但与其他主要工业能源相比，核电平均每年造成的直接死亡人数是最低的（见表 3-1），在正常运行期间当前的主流核电机组在清洁程度上也完全胜出（见表 3-2）。切尔诺贝利核事故对乌克兰影响深远，但世界其他地区的环境却几乎未受影响；与之相对的，任何一座火电厂向大气排放的二氧化碳却会通过气候变化影响全球每一个角落！至于核电站产生的核废物，我们有技术手段可以将其影响控制在较小的地域——牺牲局部环境，保全现代文明，这笔账怎么算都是值得的。

表 3-1　电力生产中的严重事故（1969—2000 年）

电力生产方式	经合组织国家			非经合组织国家		
	严重事故/次	直接致死/人	每百万千瓦电力生产致死数/人	严重事故/次	直接致死/人	每百万千瓦电力生产致死数/人
煤电	75	2 259	0.157	1 044	18 017	0.597
油电	165	3 713	0.132	232	16 505	0.897
天然气电	90	1 043	0.085	45	1 000	0.111
液化石油气电	59	1 905	1.957	46	2 016	14.896
水电	1	14	0.003	10	29 924	10.285
核电	0	0	—	1	31	0.048

表 3-2　百万千瓦机组电力生产的部分环境影响

	核电	煤电	油电
一氧化碳年排放（未处理）/吨	0	750	10
一氧化氮年排放（未处理）/吨	0	30 000	23 000
二氧化硫年排放（未处理）/吨	0	127 500	53 000
一氧化碳年排放（处理达标后）/吨	0	750	10
一氧化氮年排放（处理达标后）/吨	0	26 250	9 400
二氧化硫年排放（处理达标后）/吨	0	46 000	26 000
冷却水年消耗/百万立方米	1.46	0.795	0.795
工厂年废热/万亿千焦	11.26	9	9
灰分年废弃面积/600 平方米	0	24.5	37.5
采矿年所需面积/600 平方米	36.8	1 210	1

近十年来，核电是我国电力生产增长第二快的能源供给形式（第一快的是天然气发电），但核电在总发电量中的占比目前还不到 4%，距离 15% 的世界平均水平还差很远。作为世界第一碳排放大国，我国未来将进一步加快核电建设，以履行减排的承诺，这是中华民族对全人类的担当。

第二节　二世同堂，四世相继——核电技术的演进

今天的核电大家族已经有了三代、六个小家族、近百个成员（机组型号）了，而且正在孕育着第四代。

罗马不是一天建成的，核电技术也不是一夜间发展成熟的。核电家族在 20 世纪 60 年代出现了第一代，80 年代出现了第二代，第三代则提出于 90 年代、建成于 21 世纪，目前在役的以第二代、第三代为主，第四代还处于进行时。

2.1　第一代核电技术（20 世纪 50 年代中期至 60 年代中期）

20 世纪 50 年代，美国为了原子弹工程而建造的第一个反应堆是核电技

术的开端。但它并不能称为第一座核电站，因为它没有电能转化和输出的设施。

1954年，苏联建成了世界上第一座商用核电站——奥布灵斯克核电站，开启了核能应用于能源、工业、航天等广泛领域的先行示范。

1957年，美国建成电功率为90兆瓦的希平港原型核电站，容量是奥布灵斯克核电站容量的16倍。

苏联、美国的原型机投入商运，证明了利用核能发电的技术可行性。国际上把上述实验性和原型核电机组称为第一代核电机组。

图 3-1 第一代核电

第一代核电技术起始于20世纪50年代中至60年代中期。其主要特点是：多为早期原型机，使用天然铀燃料和石墨慢化剂。设计上比较粗糙，结构松散，尽管机组发电容量不大，一般在30万千瓦之内，但体积较大。且在设计中没有系统、规范，科学的安全标准作为指导和准则，存在许多安全隐患。它的意义在于，具有研究探索的试验原型堆性质，证明了核能发电的技术可行性。

第一代核电站主要堆型有：美国希平港核电站、德累斯顿核电站，英国卡德霍尔生产发电两用的石墨气冷堆核电站，苏联 APS-1 压力管式石墨水冷堆核电站，加拿大 NPD 天然铀重水堆核电。

2.2　第二代核电站（20 世纪 60 年代至 90 年代）

在 20 世纪 60 年代后期，核电迎来第二代核电技术时期。相比第一代核电技术，第二代核电技术是较为成熟的商用反应堆，使用浓缩铀燃料，以水作为冷却剂和慢化剂，其堆芯熔化概率和大规模释放放射性物质概率分别为 10^{-4} 和 10^{-5} 量级。反应堆寿命约为 40 年。第二代核电站的意义在于，证明了核电发电技术可行性，以及其可与火电、水电竞争的经济性。

在第一代核技术的基础上，第二代核电技术实现了商业化、标准化，单机组的功率水平在第一代核电技术基础上大幅提高，达到百万千瓦级。

20 世纪 70 代，因石油涨价引发的能源危机促进了核电的发展，目前世界上商业运行的 400 多座核电机组绝大部分是在这段时期建成的。在国内，秦山核电站、田湾核电站机组采用的都是第二代核电技术，在福岛核事故之后，相应地得到了改进。

第二代核电站的主要堆型有：压水堆（PWR）、沸水堆（BWR）、重水堆（PHWR）、石墨气冷堆（GCR），以及石墨水冷堆（LWGR）等。

2.3　第三代核电技术（20 世纪 90 年代至今）

1979 年三哩岛核事故、1986 年切尔诺贝利核事故发生后，20 世纪 90 年代，美国和欧洲先后出台《先进轻水堆用户要求文件》（URD 文件）和《欧洲用户对轻水堆核电站的要求》（EUR 文件）。国际上通常把满足这两份文件之一的核电机组称为第三代核电机组。

图 3-2　第三代核电

相较第二代核电技术，第三代核电站是具有更高安全性、更高功率的新一代先进核电站。其堆芯熔化概率和大规模放射性物质释放概率分别为 10^{-7} 和 10^{-8} 量级。反应堆寿命约 60 年。

第三代核电站的主要堆型有先进沸水堆（ABWR）、非能动先进压水堆（AP1000）、欧洲压水堆（EPR）等。中国自主产权的“华龙一号”“国和一号”和“玲龙一号”属于第三代核电技术中的杰出代表，已成为国际闻名的“中国名片”。当地时间 2021 年 5 月 20 日 1 时 15 分，“华龙一号”海外首堆工程——巴基斯坦卡拉奇 2 号机组正式投入商运。

2.4　第四代核电技术（20 世纪末至今）

第四代核电技术概念由 1999 年 6 月美国能源部首先提出，并得到中国、英国和日本等一些国家的支持。

第四代核电技术是指待开发的先进核电技术，主要特征是拥有更好的经济性，安全性高和废物产生量少，无需厂外应急，并具有防止核扩散能力。第四代核电堆型代表有钠冷快堆、极高温气冷堆、铅冷快堆、气冷快堆、熔盐堆和超临界水冷堆等。

在第四代核技术研发和实践方面，中国走在了世界前列。2006 年 12

月 25 日，华能、核电、清华三方成立华能山东石岛湾核电站 20 万千瓦级高温气冷堆核电示范工程。10 MWe 试验核电站已建设成功。

2010 年 10 月 21 日，由中核集团中国原子能科学研究院自主研发的中国第一座快中子反应堆——中国实验快堆（CEFR）达到首次临界。

图 3-3　第四代核电

这是我国核电领域的重大自主创新成果，意味着我国第四代先进核能系统技术实现了重大突破。由此，我国成为继美、英、法等国之后，世界上第八个拥有快堆技术的国家之一。

2012 年 12 月 9 日，华能石岛湾核电站重新开工建设，标志我国在第四代核电的技术研发上已处于世界领先地位。2021 年 8 月 21 日 16 时 09 分，我国自主产权的国家科技重大专项——华能石岛湾高温气冷堆核电站示范工程首批核燃料成功装入 1 号反应堆，标志着世界首台球床模块式高温气冷堆正式进入“带核运行”状态。积极有序发展核电已上升为国家战略，成为我国推进“双碳”目标如期达成的重要路径。

第三节　失之毫厘，谬以兆亿——核反应堆临界的实现与维持

核电站的核心设备——核反应堆，是维持可控、自持链式核裂变（或核聚变）反应的装置。一个中子诱发核裂变，可以产生多于一个的中子诱发新的裂变；或是两个轻核的聚变，可以使温度、压力升高以致引发其他轻核继续聚变，因而可使反应像链条一样不断发生（见图 3-4）。如果这个过程不加控制，在极短时间内释放出来的热量来不及导出，就造成材料剧烈的膨胀、乃至爆炸，这就是广义上的核武器。而如果将反应速率控制住，让单位时间里反应的次数及释放的能量保持在某一水平（见图 3-5），这就是核反应堆。

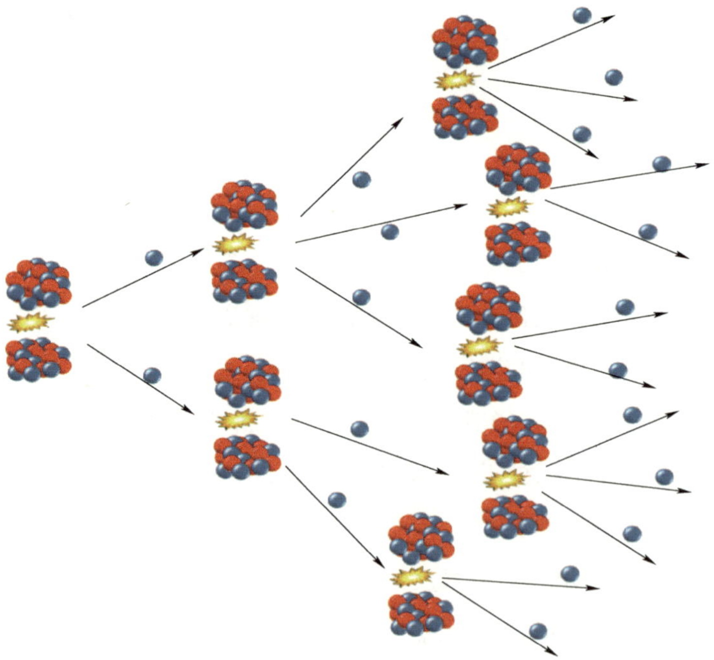

图 3-4　不受控制的链式裂变反应

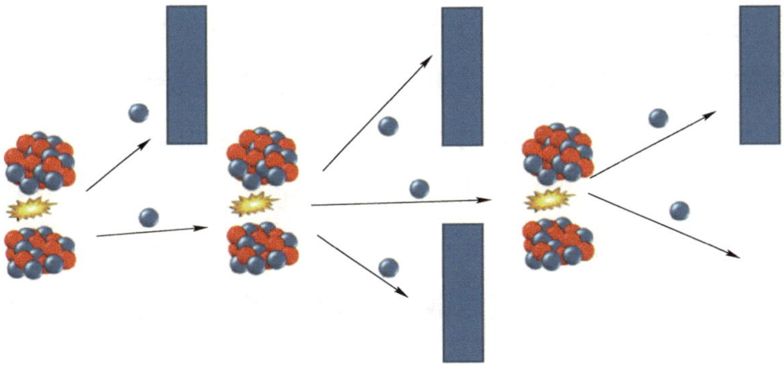

图 3-5　受控的链式裂变反应

为了衡量链式反应过程里中子的增殖，定义有效中子增殖因数：

$$k_{\text{eff}} = \frac{\text{由上一代中子诱发裂变而产生、并可在反应堆里诱发裂变的中子数}}{\text{反应堆里上一代中子数}} \tag{3.1}$$

如果 $k_{\text{eff}}=1$，意味着核反应堆里的核燃料平均一次裂变放出的中子可以导致的裂变数也是一次，称为临界。临界是个奇妙的平衡点，超过这一点功率会迅速增长，而低于它功率则会迅速降低。

裂变反应堆的功率大小正比于裂变数，而裂变数正比于可诱发裂变的中子数。这些中子数随时间变化的速率可以如下计算：上一代 N 个中子被核燃料吸收、增殖后产生了 $k_{\text{eff}}N$ 个中子，相比于上一代多出 $(k_{\text{eff}}-1)N$，而这是发生一代中子在被吸收或泄漏出反应堆之前，其平均存在的时间 T 里的，所以变化速率 $\mathrm{d}N/\mathrm{d}t$ 满足：

$$\frac{\mathrm{d}N}{\mathrm{d}t} = \frac{(k_{\text{eff}}-1)N}{T} \tag{3.2}$$

不难解出：

$$N(t) = \mathrm{e}^{(k_{\text{eff}}-1)t/\bar{l}} \tag{3.3}$$

核功率和中子数一样，变化速率呈现 e 指数形式。变化快慢由 T——“中子平均寿命”和 k_{eff} 所决定。

核反应堆里飞出原子核外自由运动的中子主要有两大类：裂变时马上放出的瞬发中子；裂变产生的裂变产物核缓慢释放的缓发中子。从裂变开始到其消失前的寿命，前者约万分之一秒，后者却有上百秒。缓发中子占裂变产生的中子总数约 0.65%，平均下来总的中子寿命约为十分之一秒。也就意味着，如果 $k_{\mathrm{eff}}=0.99$，那么在接下来的一秒内功率会变为原来的 e 的-0.1 次方——0.9 倍，即减少十分之一；如果 $k_{\mathrm{eff}}=1.01$，那么在接下来的一秒内功率会变为原来的 e 的 0.1 次方——1.1 倍，即增长十分之一。但如果任由中子数增长，当代次更迭迅速的瞬发中子数远远超过缓发中子数以至于平均中子寿命接近于瞬发中子的寿命时，一秒后功率将变为原来的 $e^{100}=2.69\times10^{43}$ 倍！真可谓失之毫厘，谬以兆亿！但是，临界其实并不容易实现，更不用说超临界了。作为发电用的核反应堆必须维持在临界点附近。那么如何达到并维持临界呢？

链式裂变反应首先要有易裂变的原子核作核燃料，但当前人类可利用的（可大量获得并长期贮存）铀-235、钚-239、钚-240 等易裂变核素自发地裂变的概率太低，必须要有中子来轰击它们才会大量地裂变。而这个中子的速度（对应着中子动能）不能太高，否则就像一个高速路上的飞车党一样，与警察擦身而过又扬长而去，警察（易裂变核）想抓他却来不及；除非他运气不好直接与警察面对面撞在一起。由此可见，想让步行巡逻的警察提高抓住飞车党的成功率至少有两种手段：同一条高速路上安排更多的警察，或是在飞车党面前铺上减速装置。其实，还应当把路边围栏加高，让飞车党没有其他的方向可逃。此外，还不希望半路杀出个程咬金把飞车党连人带车给劫走了，这就达不到诱发裂变的目的了。当然，这四种手段我们都要用上：提高核燃料的富集度、应用中子慢化剂、加装中子反射层、采用低中子吸收的结构材料。

核燃料富集度越高，再进一步将其富集的难度也随之升高，所以当前核电站普遍采用只有 2%～5%富集度的核燃料。作成棒状、板状或球状的核燃料元件之间充有轻水、重水或石墨作为慢化剂——水中的氢核和石墨中的碳核可以有效地减慢中子运动速度。这些核燃料排布而成的结构是核反应堆发生核反应的部分，称为堆芯。在堆芯的外围用慢化剂材料作反射层，以尽可能减少中子向堆外的逃逸。而包容反应堆的压力容器、盛放堆芯的吊篮、固定燃料组件的栅格板、保护燃料棒的包壳……这些结构材料及其上面的涂料，都不能含有易于吸收中子的核素。特别是燃料棒的包壳，通常采用自然界中中子吸收第三弱的金属——锆来制造（第一是铍，第二是镁，都不够硬实，不能做结构材料）。而流经反应堆、用来将热量带去发电的冷却剂也不允许吸收大量中子，通常采用的是经过除盐除氧处理的水。

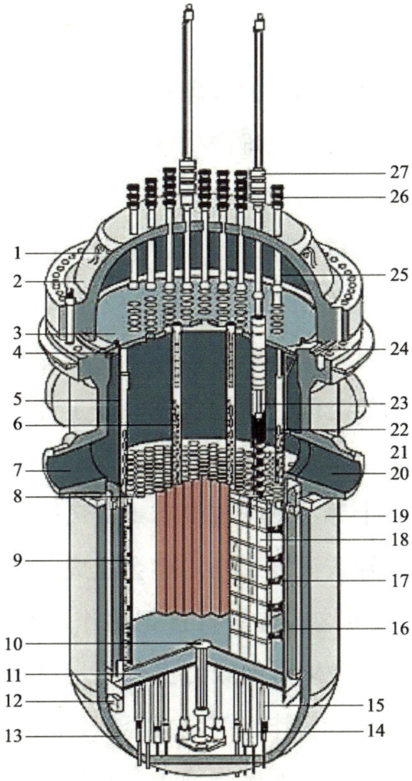

图 3-6　核反应堆本体结构（压水堆）

1—吊装耳环；2—压力壳顶盖；3—导向管支承板；4—内部支承凸缘；5—堆芯吊蓝；6—上支承柱；7—进口接管；8—堆芯上栅格板；9—围板；10—进出孔；11—堆芯下栅格；12—径向支承件；13—压力壳底封头；14—仪表引线管；15—堆芯支承柱；16—热屏蔽；17—围板；18—燃料组件；19—反应堆压力壳；20—出口接管；21—控制棒束；22—控制棒导向管；23—控制棒驱动杆；24—压紧弹簧；25—隔热套筒；26—仪表引线管进口；27—控制棒驱动机构

这样一套装置往往要有数百吨重才可能达到临界。而仅仅够得上临界很明显是不实用的，因为一旦裂变反应发生、燃料核被消耗，剩下的核燃料就又不能实现临界了。为了长期持续地发电，还必须要多装一些核燃料。

第四节　运用之妙，在于三 C——核反应堆的控制与安全保障

核电站不会发生核武器那样的核爆炸，因为如前所述，临界条件是不易维持的。特别是当核电站反应堆产生热量过多时，核燃料和慢化剂的材料本身会发生明显的膨胀，从而使得单位空间内的燃料核和慢化剂核明显变少，中子碰上其他燃料核诱发裂变或碰上慢化剂核发生减速的成功率明显降低，链式裂变反应就自然终止了。而在核武器里，为了防止这种效应，必须采用高富集度的核材料，并利用化学炸药爆炸产生的压力将核材料压紧且保持足够长的超临界时间，由此才能保证足够多的中子诱发裂变、产生有足够大威力的核爆炸。

但链式裂变反应中止并不意味着没有事故风险。首先，链式反应中止前如果积累的热量过多导致温度过高，将会造成金属—水的反应并放出氢气，引发氢气爆炸，甚至这些热量直接把用作冷却剂的水瞬间加热为蒸汽——形成蒸汽爆炸。这类爆炸的威力虽然不足以摧毁专门加固的厂房，但可以将冷却剂管道乃至厂房炸出裂缝甚至缺口，使得放射性物质向外释放。同时，裂变过程产生的裂变产物绝大多数都是不稳定的放射性核素。它们不受外界影响地按着自己固有的速率发生衰变并放出射线和热量。这些热量如不能及时导出也会使核燃料慢慢熔化，甚至可以像岩浆一样熔穿厂房的底部，把放射性物质带到地下。

而这一切事实上是可以避免的，只要做好三个 C：控制（Control）核

反应速率、冷却（Cooling）核反应堆堆芯、包容（Containment）放射性裂变产物。

4.1 Control——控制核反应速率

只要核反应速率不过高，就不会在短时间内产生来不及导出的热量。办法是加入能够大量吸收中子的物质进行控制——常用的有溶解在水里的硼酸、硝酸钆和作成棒状插入的碳化硼、银-铟-镉合金。增加反应堆中的这些控制材料，核功率就会下降。现代核电站都设计有反应堆保护系统。当中子测量系统发现核反应速率过高时，会自动触发“紧急停堆”，即所有控制棒不受人为控制地插入堆芯（在 2.6 秒内），这些棒的吸收能力足以保证链式裂变反应及时中止。即使有个别棒被卡住，还有后续的含有浓硼酸的安全注射水来吸收中子。这些水来自安全注射系统。

4.2 Cooling——冷却核反应堆堆芯

安全注射系统，又叫应急堆芯冷却剂系统，是为了应对核反应堆正常的冷却剂循环系统发生泄漏而设计的。它在接到反应堆冷却剂系统的低压力或高温度信号等后启动，也可以由人手工启动，能直接向堆芯提供冷却剂。其设计容量可以保证即使冷却剂主要管道一断两截，核反应堆堆芯的温度仍然在安全范围内。除此之外，很多型号的机组还有一系列辅助系统保证安全注射系统的供水、供能、供冷源源不断。

4.3 Containment——包容放射性裂变产物

即使前两条没能实现，以至于放射性物质突破核燃料包壳和冷却剂管道的包容。只要确保最后一道防线——安全壳——的完整性，再严重的核反应堆损坏也不足以对外界造成影响。现代大型核电站普遍建有安全壳——一个包容了整个反应堆回路系统的气密承压构筑物（见图 3-11）。它由钢筋混凝土加钢板建造，往往厚达 1 米以上，可以承受内部的蒸汽、氢气爆炸，甚至可以抗击波音 747 的单次撞击。因为有安全壳的存在，带有放射性物质的气体就不能直接扩散到厂外，只能通过通风系统经过净化处理后从高空排放。当然，安全壳上各类管道和闸门在事故时也必须紧紧封闭。同时，还要避免内部爆炸产生的压力波导致管道、闸门出现缝隙。因而，现代核电站安全壳内普遍安装有喷淋系统，可以喷洒含有氢氧化钠的冷水——冷水可以降温降压，氢氧化钠可以吸收放射性的碘——最易被人体吸收因而最需防范的放射性同位素；还有可燃气体消除系统，能够将可能存在的氢、一氧化碳气体与氧气缓慢地反应掉，使其达不到爆炸浓度。无安全壳的切尔诺贝利核电站在核事故后周边成了禁区，而有安全壳的三哩岛核电站如今仍有机组在正常运行，这足以说明安全壳的有效性。

上述核反应堆保护、安全系统只要发挥正常功能，安全壳外的工作人员和公众就不会受到明显影响。但这些系统如果有赖于外部能量供应的话，一旦供能意外中断，三 C 就无法保证了，正如日本福岛核事故那样。所以当前设计建造的新型机组，普遍要求采用“非能动”的安全设计，如高位水箱依靠重力向反应堆补水和向安全壳淋水、相关阀门依靠压力差自动打开、钢制压力容器和安全壳依靠内外温差来自动传热、特制的混凝土依靠吸热反应来自动为堆芯熔融物降温等。

此外，核电大家族的不同分支还具有各自不同的安全特性和经济优势。

第五节　龙生六子，六子各异——不同堆型的原理及特点

核电是一种热电，与烧煤、石油和天然气，以及利用地热的电厂一样，都是用高温热源加热水产生的蒸汽送去推动汽轮发电机组发电，然后利用环境中的低温水源或空气将汽轮机排出的汽水混合物冷凝成水再送回高温热源，形成往复不断的循环。

核电与其他热电的根本区别在于其高温热源是核反应堆，而当前在役的核电机组按堆芯采用的冷却剂和慢化剂可以区分出六个核电小家族——六个堆型。

由于目前核聚变反应堆远未达到商用水平，这六家都采用核裂变反应堆。

表 3-3　世界运行核电机组数和核发电量（截至 2018 年 1 月 7 日）

堆型	在役机组数	在建机组数	在役净容量/GWe
BWR	76	4	74.2
FBR	3	1	1.4
GCR	14	1	7.7
LWGR	15	0	10.2
PHWR	49	4	24.6
PWR	291	49	272.9

5.1　压水堆

压水堆（PWR）用加压水作冷却剂和慢化剂，用富集度较低的铀氧化物作燃料。

核燃料被制成棒束，用锆包壳保护着，竖立放置。其上下由具有定位和流量分配功能的栅格板固定。栅格板吊装在一个能承受 220 个大气压的不锈钢容器——反应堆压力容器中。冷却剂从下而上流经堆芯带出热量。水越往上流越热，越热比重越轻，越轻浮升力越大，浮升力大了就能自动向上流——这样即使驱动水的主泵不能工作，单靠水自身的浮升力就可以驱动一定流量进行循环冷却。

直接流经反应堆的流体回路习惯上称为一回路，压水堆的一回路通过加压到 100 多个大气压（15～16 MPa）以保持水不沸腾，这样的传热效率比允许水沸腾时高一个量级，可以在保证及时带走核燃料反应热的前提下造出较小的堆芯，紧凑性更好。

但发电还是需要有蒸汽推动汽轮机、带动发电机的。蒸汽在大型蒸汽发生器里产生。蒸汽发生器的作用，就是让一回路水加热另一个封闭的回路——二回路中的水，由二回路水产生的蒸汽去推动汽轮发电机组（见图 3-7）。因为一、二回路间的隔离，核燃料泄漏到一回路水中的放射性物质不能直接进入二回路，可以有效避免造成更大范围的污染。

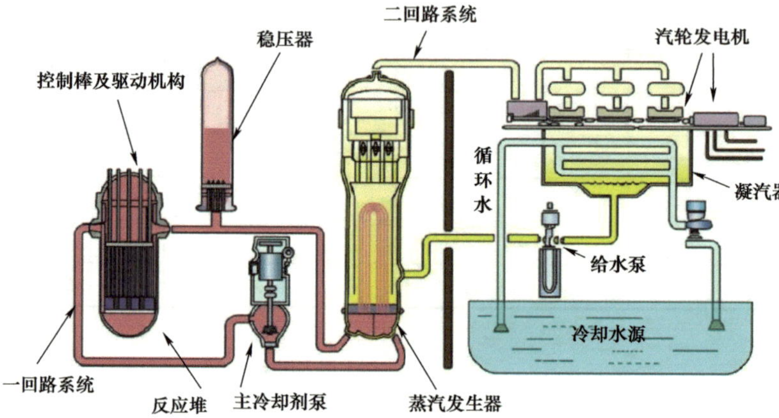

图 3-7　压水堆核电站流程示意

所以自 20 世纪 80 年代起，由美国和法国带头发展，压水堆成为世界核电的主流堆型，今后相当长的时间内也仍将如此。我国更是确定了以压水堆为主的核电发展路线。2018 年 1 月，我国 38 台在役核电机组中的 35 台、19 台在建机组中的 18 台都采用压水堆。

大亚湾核电站是我国第一座建成发电的压水堆核电站，其主要厂房结构及内部设备、功能见图 3-8。目前在役和在建的压水堆核电机组与它大同小异。

5.2　沸水堆

沸水堆（BWR）用沸腾水作冷却剂和慢化剂，用富集度较低的铀氧化物作燃料。

图 3-8　压水堆核电站主要厂房及设备（大亚湾 1-2 号机组）

主要热力设备及功能：

a-反应堆压力容器——包容发出裂变热的反应堆；b-冷却剂泵——驱动冷却剂带出反应堆热量；c-蒸汽发生器——冷却剂加热二回路水产生蒸汽；d-稳压器——冷却剂压力控制；e-汽轮机——蒸汽推动汽轮机转动；f-发电机——汽轮机带动发电机发电；g-汽水分离再热器——去除蒸汽中的水滴；h-除氧器——除二回路水中的氧，防腐蚀；i-回热加热器——提高循环热效率；k-凝汽器——做功后的蒸汽凝结成水。

主要安全设施及功能：

1-安全壳——包容整个反应堆冷却剂系统；2-安全壳喷淋环——事故后喷水降压、除放射性碘；3-混凝土隔间——关键设备彼此实体隔离；4-蒸汽卸压阀——超压时排放，保护蒸汽发生器；5-蒸汽隔离阀——隔离事故蒸汽发生器；6-地坑——承接、抽取泄漏的冷却剂；7-安全注入蓄压箱——破口事故时补充反应堆冷却剂；8-余热排出热交换器——长期载出反应堆剩余发热；9-换料水箱——破口事故时补充反应堆冷却剂；10-应急柴油机——失去厂内外供电时提供应急能源；11-柴油箱——应急燃料；12-备用水箱——储存备用冷却用水；13-空气捕集装置——净化厂内空气；14-缓冲罐——缓冲设备冷却水的压力波动；15-废气处理装置——放射性废气净化处理；16-砂堆过滤器——吸附废气中的放射性气溶胶。

因为水在堆芯内直接沸腾，而蒸汽的传热效率不如液态水，所以沸水堆的堆芯比同功率的压水堆大很多。但由于其堆芯内可以直接产生蒸汽，不再需要专门的蒸汽发生器，只这一条就比压水堆拥有很多经济性上的优势。首先，压水堆核电站的蒸汽发生器制造和安装成本很高；其次，蒸汽发生器的传热管很脆弱，极易在一、二回路的高压差下损坏，迫使压水堆核电站停堆检修——这种停堆事件占到全球核电站非计划停堆事件的四分之三！再次，压水堆的回路系统较多，也增加了成本和热的泄漏途径。

但是，放射性物质一旦从沸水堆的核燃料泄漏出来，就可能直接通过蒸汽管道穿过安全壳进入汽轮机厂房。而汽轮机厂房并不像反应堆厂房一样气密，放射性物质可以继续向环境泄漏；汽轮机厂房也不像反应堆厂房那样，一旦运行就禁止入内，值班工作人员的健康会受到更多威胁。

全球目前只有对经济效益极度提倡，且对安全管理极为自信的日本还在大力发展沸水堆核电站。

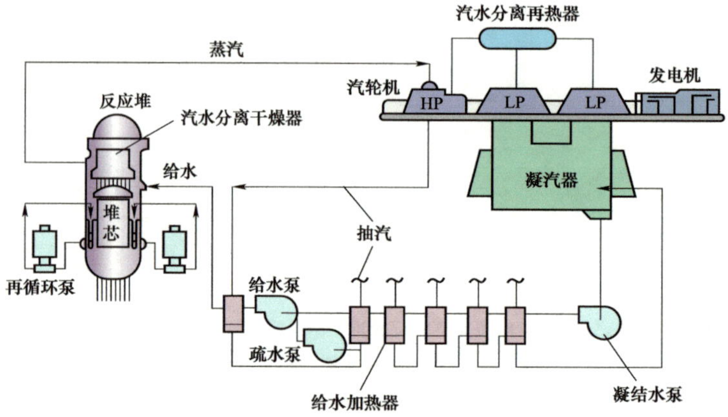

图 3-9　沸水堆核电站流程示意

5.3　重水堆

加压重水堆（PHWR）用加压重水作冷却剂和慢化剂，用天然铀作燃料。

重水是由氘（氢的含一个中子的同位素）与氧结合形成的水。而我们平时接触的水中氢的同位素绝大多数是比氘少一个中子的氕，所以称为轻水。重水在天然水中的含量约万分之一点五，其分离、制造的成本极高。核工业早期的重水制备成本之高使重水的价格与黄金相当，因而限制了重水堆的推广。但重水的原子核里因为中子较多，所以相比轻水更不易吸收中子。慢化剂的中子吸收少了，能供给核燃料的中子就多了。因而用重水作慢化剂要比用轻水效率高很多，以至于采用天然铀也能实现临界。

不需要对天然铀进行费时费力的浓缩处理，这就在核燃料的成本上大大优于其他堆型。而且，国际社会也不必担心有人窃取重水堆的核燃料用于制造核武器。但是，仅凭燃料成本的低廉还是不足以抵消慢化剂成本的高昂。再加上天然铀要达到与浓缩铀同样的功率，需要的体积也要大很多，这提高了重水堆的建设成本。

为了让能利用本国丰富的天然铀资源的重水堆更有经济竞争性，加拿大氘铀堆（CANDU）采用一个最优方案。它不像其压水堆和重水堆那样将燃料棒竖着排列在反应堆压力容器里，而是将燃料做成短圆棒束组件插到数百根压力管里。压力管内流着作为冷却剂的加压重水，管外流着作为慢化剂的不加压重水。这种横放的小管子，可以方便地单独开盖、将一个新燃料组件装进去并在另一端顶出一个“烧过”的乏燃料组件，同时不必停堆。压力容器式反应堆每隔一年或一年半需要换出乏燃料时必须停堆、打开压力容器顶盖，然后花一两周时间将长长的燃料组件小心翼翼地吊到半空、一束束地换进换出，再花一两周时间进行测试和启动。这期间因不能发电而造成的经济损失每天都有逾千万元（以百万千瓦电功率的机组计算）。因此，不停堆换料的加拿大氘铀堆（CANDU）成了唯一可以与压水堆、沸水堆相竞争的重水堆，见图 3-10。

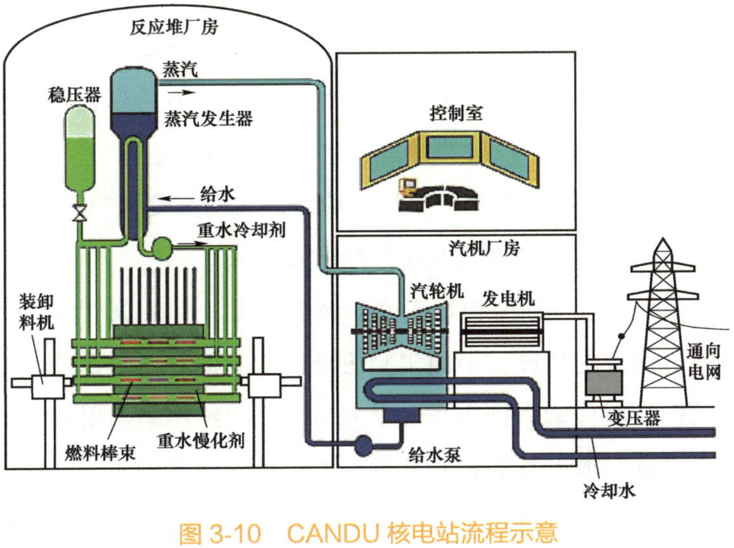

图 3-10　CANDU 核电站流程示意

我国的秦山三期核电机组就是引进自加拿大的 CANDU 堆。

5.4 快堆

快堆（FBR）全称是快中子增殖反应堆，不需要慢化剂，还可以使核燃料增殖。它采用了较高浓度的核燃料，所以不需要将中子慢化、单靠“快”中子也可以实现临界。

这样做最大的好处是，可以有相当多的高能中子去轰击如铀-238、钍-232 这类核素，使其转化为钚-239、铀-233。铀-238 和钍-232 本身不易裂变，不算核燃料，但转化成的钚-239、铀-233 却是比铀-235 更高效的核燃料。在适当条件下，快堆中的核燃料可以越用越多，理论上来说可以连续不停地运行数十年，这就是“增殖”。铀-238 在自然界要比当前主流燃料核素铀-235 多 140 倍，而钍-232 的储量更是铀的 4 倍。这样，可用做裂变核燃料的材料就增加了数百倍。

相比而言，采用慢化剂的裂变反应堆虽然也能转化一部分铀-238，但高能中子偏少，所以转化生成的核燃料远不如消耗掉的多。这些采用慢化剂的反应堆，由于大部分中子被慢化到与周围材料热平衡的状态，所以与快堆相对地被称为热中子反应堆或热堆。热堆的核燃料中，铀-235 的含量低到 1%左右就不能再维持临界了，就要卸出堆芯成为乏燃料。而快堆强大的增殖能力使其可以继续利用热堆的乏燃料实现临界，真正地变废为宝。这就是快堆另一大优点——解决热堆产生的乏燃料问题。

因此，主持建造了世界第一个核反应堆的科学家费米曾断言，“最先研究使用快堆的国家，将在核电领域取得优势”。

美国、法国、俄罗斯是快堆研究的先驱。我国也在 20 世纪 90 年代开展了中国实验快堆的建设。中国实验快堆参考了俄罗斯的设计，将高富集度铀制成的燃料组件紧凑排布在一个大型的池式结构中，用液态金属钠冷却。为了避免具有放射性的钠对外界产生污染，钠池里的一回路钠要把热量传给中间回路的钠，再由中间回路不带放射性的钠去蒸汽发生器加热三回路的水产生蒸汽，推动汽轮发电机组，见图 3-11。

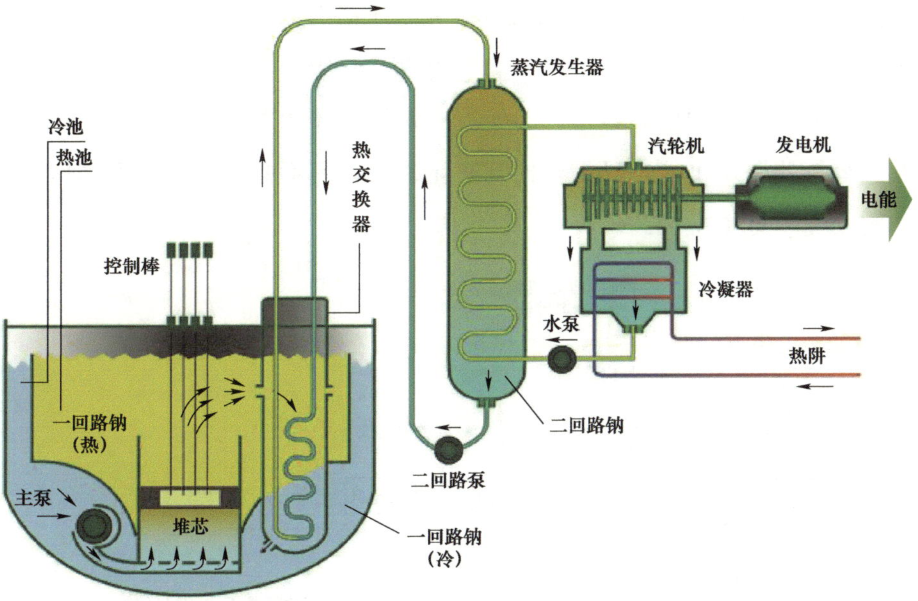

图 3-11　池式钠冷快堆核电站流程示意

目前正在建造的福建霞浦核电站将是我国第一个商运快堆电站，预示着快堆在我国核电版图中将成为必不可少的组成部分。

5.5　气冷堆

气冷堆（GCR）用气体作冷却剂，用石墨作慢化剂。

早期的气冷堆把高浓铀棒插到石墨砖块中，让二氧化碳在石墨和铀棒间流动以带出热量。英国在 20 世纪 70 年代大量建设这种气冷堆，曾使气冷堆成为当时世界核电的主流堆型。但二氧化碳在较高温度下会腐蚀金属管壁，导致高温的石墨与外界的氧气接触而着火，最终这种堆型被淘汰。

而 20 世纪 90 年代发展起来的高温气冷堆（HTGR）改用氦气作冷却剂，避免了管壁的腐蚀；又用石墨包裹着稍加浓缩的铀氧化物做成小球，可以实现不停堆换料；再加上气体和石墨包壳这对组合，要比水和金属包壳的组合能承受高得多的温度，所以运行时的冷却剂温度更高（可达

850 ℃，而水冷堆中的水超过 400 ℃包壳就会损坏），热效率也更高（可达 45%，而水冷堆平均 34%），而且几乎完全不必担心会发生燃料熔化；虽然气体温度很高，但相比水冷堆中的水而言，其压力并不高，所以不需要制造承压能力很强的压力容器；即使有放射性气体渗透出来，因为不存在蒸汽、氢气的爆炸可能，只需要抽气净化即可，而不必建造能承受爆炸载荷的安全壳，见图 3-12。

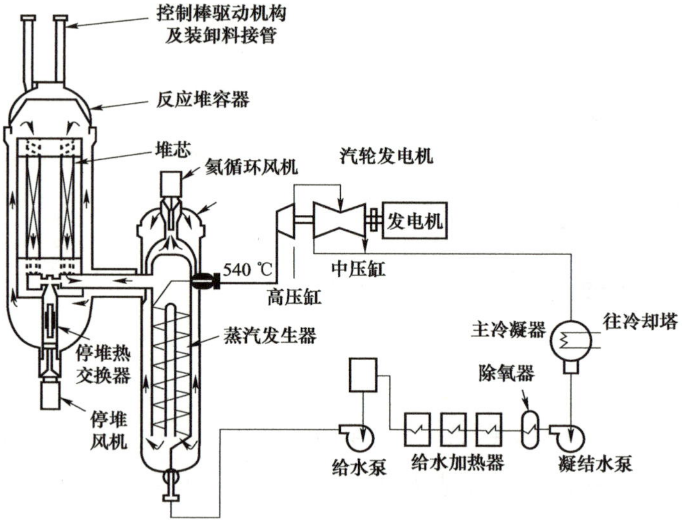

图 3-12　高温气冷堆核电站流程示意

我国的高温气冷堆技术起步紧随德国、美国之后，如今已经具有国际领先水平。山东荣成石岛湾的国产高温气冷堆核电机组，是在我国多年成功实验的基础上进行的首次商业运营尝试。在获得成熟经验之后，该堆型在我国将成为仅次于压水堆之后的第二号主流堆型！

5.6　轻水冷却石墨慢化反应堆

轻水冷却石墨慢化反应堆（LWGR）用沸腾轻水作冷却剂，用石墨做慢化剂，用富集度较低的铀的氧化物作燃料。

这是苏联、也是世界第一座核电反应堆的类型（1954 年投运），也是苏联（俄罗斯）之后近40年的核电站主流堆型，苏联人自己称为大功率压力管式反应堆。由于苏联当时技术水平不足以制造大型压力容器，所以采用了数百根压力管装核燃料。这种压力管不同于加拿大的压力管，承压能力较低。管子竖直排列，管内的燃料棒间是沸腾的轻水，管外则是做成砖块的石墨。产生的蒸汽由数百根蒸汽管汇集到几个汽鼓中再送去汽轮发电机组。这种堆型制造成本较低，很容易进行工业放大，也曾创造过不错的安全运行业绩，见图3-13。

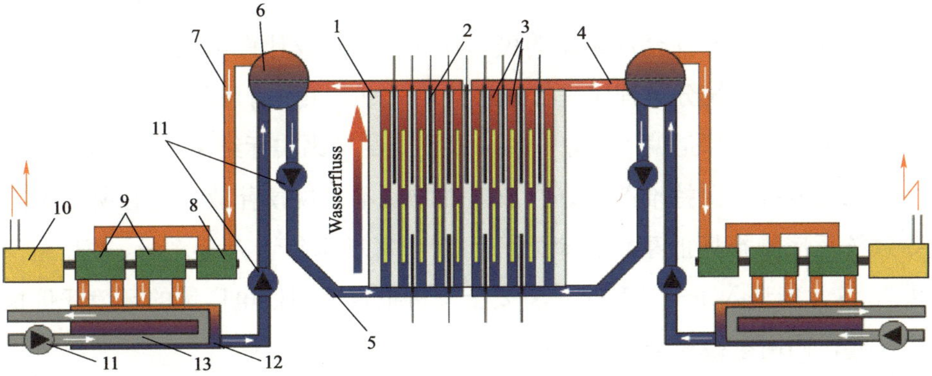

图3-13　轻水冷却石墨慢化反应堆核电站流程示意

1—石墨慢化剂；2—控制棒；3—装有核燃料的流水的压力管；4—水—汽混合物；5—水；6—汽鼓；7—蒸汽；8—汽轮机高压缸；9—汽轮机低压缸；10—发电机；11—泵；12—冷凝器；13—来自环境的冷水

但切尔诺贝利核事故宣告了这种堆型的终结。

因为沸水传热效率低于加压水，而且又采用了大量石墨，这种反应堆的堆芯比同功率的压水堆和沸水堆都大得多。在切尔诺贝利核事故中，过大的堆芯使得控制棒插到底所需时间较长，耽误了控制链式反应的最后时机。最致命的是其在特定功率下存在正的功率反馈，即功率增长的本身会进一步造成功率的增长，从而使得功率增长在一定范围内无法控制，这也是切尔诺贝利核事故中蒸汽爆炸的直接原因。对于以水作为慢化剂的压水堆、沸水堆、重水堆而言则正好相反——功率增长的影响将导致功率下降。

当代俄罗斯已经改走压水堆路线，我国引进自俄罗斯的田湾1～4号机组正是其先进压水堆的代表。

第六节　质量至上，安全第一——核电站的设计、建造与运行

中国核电发展已进入快车道，很多企业与个人都希望参与其中、共襄盛举。但要参与到核电项目中，必须牢记“安全是核电的生命”。

如果你是一名研究人员、设计专家，要参与核电站的设计，你所在的单位必须有国家核安全局颁发的民用核动力装置设计许可证。你设计的系统要用核动力系统分析程序进行建模计算。如果在所有风险最大的事故下，而且计算的模型都是偏“保守”的（即计算结果比实际结果更显危险），核反应堆仍能持续保持堆芯完好、放射性物质不大规模释放，并且所有可能导致核反应堆损坏的事件概率之和不高于每堆每年十万分之一、“万无一失”，这才能进入下一个环节：将安全分析报告连同核电厂址的环境评价报告一起，向国家核安全局申请建设。

如果你是一名制造商，或施工方，你所参与制造或施工的设备或厂房如果与核反应堆安全相关，就必须参照国家标准中专门的民用核设施标准进行；如果与核反应堆安全无直接关系，也要按常规电厂的较高标准来进行。

如果你是一名技术人员，想要参与核电站核心设施的运行，你需要通过一系列培训和考试。从工业安全学起，到核电站所涉及的化学、仪控、热能、电力、机械，还有辐射防护与核反应堆物理等。如果你想成为核电站主控制室的操作员，控制整个核电机组，那么考核标准就更高了。先在各厂房参与现场操纵工作的同时，你不仅要通过每一门理论考试，还要在和主控室操纵台一模一样的模拟机上通过高难度操作考试，才能获得高级操纵员的资格证，进入主控室工作。这个时间至少要八年。这个证的有效期只有一到两年，到期之间必须再次通过这一系列考试才能续期。核电站每一名运行人员，都要比常规电厂的运行人员受到更严格的约束。转行到核电的人，会明显感觉到管理制度的“不近人情”。

但这一切，都是为了大众和工作人员的安全，也是为了核工业自身的持续发展。

第七节　推陈出新，生生不息——未来的核电与人类的未来

正如红皇后原理所言：只有不断前进，才能保持原位。核电行业要生存，也要不断更新技术。而人类当前和可见未来的需求，正驱动着六种新一代核电反应堆由蓝图走向现实。

7.1　超临界水冷堆

超临界水冷堆——利用压力超过临界点的水（此时水不再有汽液两相的区别，因而不再有沸腾和凝结导致的剧烈的密度变化和温度变化）作为冷却剂和慢化剂，可以将温度提到更高、获得更高的热效率。而且，超临界水对于核功率升高的负反馈很强烈，一旦功率增加超过一定值，反应堆不需插控制棒就自动停堆，见图 3-14。

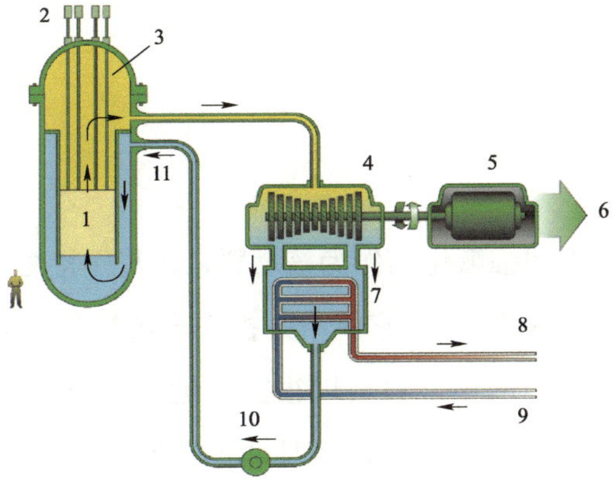

图 3-14　超临界水冷堆示意

1—堆芯；2—控制棒；3—（流出堆芯的）超临界水；4—汽轮机；5—发电机；6—电能；7—冷凝器；8—环境水流出；9—环境水流入；10—泵；11—（注入堆芯的）水

7.2　超高温气冷堆

超高温气冷堆——在现有高温气冷堆的基础上再升高温度，同时实现用氦气直接发电。在继承高温气冷堆安全优势的同时大大提高经济性。其高温甚至可以直接用来分解水、制造氢燃料以代替汽油。为低碳的未来交通提供根本保障，见图 3-15。

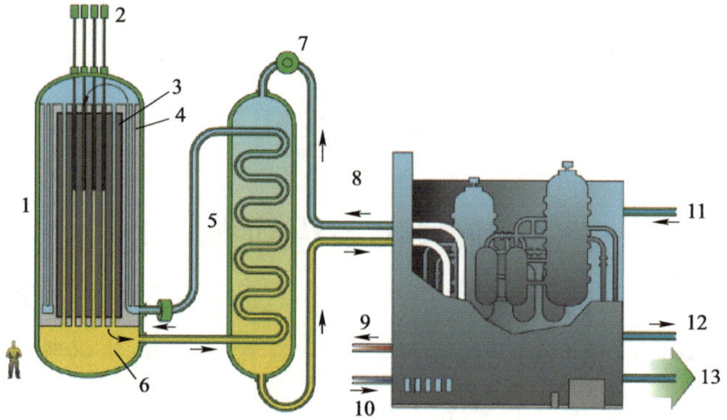

图 3-15　超高温气冷堆示意

1—堆芯；2—控制棒；3—石墨慢化剂；4—石墨反射层；5—热交换器；6—（流出堆芯的）一回路氦；7—气泵；8—（流入热交换器的）二回路氦；9—环境水流出；10—环境水流入；11—原料水；12—氧气；13—氢气

7.3　熔盐堆

熔盐堆用低熔点的铀氟化物作为核燃料，让其保持熔融状态，在石墨慢化剂中间流动并带走热量。有了它就不必担心堆芯熔化的问题——它本来就是熔化的。而且流动着的核燃料可以很方便地实现不停堆换料。这种熔化的盐不会产生太高压力损坏管道，而且即使一回路管道破裂、发生泄漏也易于收集到地下贮罐中，不会四处飘散，安全得很，见图 3-16。

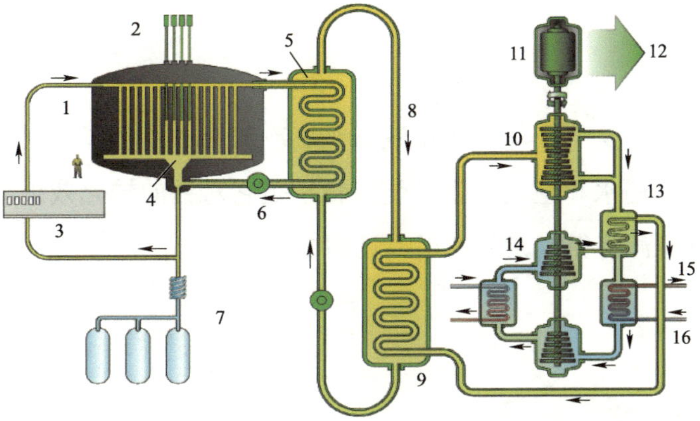

图 3-16　熔盐堆示意图

1—堆芯；2—控制棒；3—盐生产车间；4—熔融盐核燃料；5—热交换器；6—泵；
7—熔融盐应急收集罐；8—冷却剂；9—热交换器；10—气轮机；11—发电机；12—电能；
13—余热回收热交换器；14—压缩机；15—环境水出口；16—环境水入口

7.4　钠冷快堆

钠冷快堆在现有钠冷快堆基础上，未来要实现的是核废物转化利用，将人类从对核废物的担忧中解脱出来，见图 3-17。

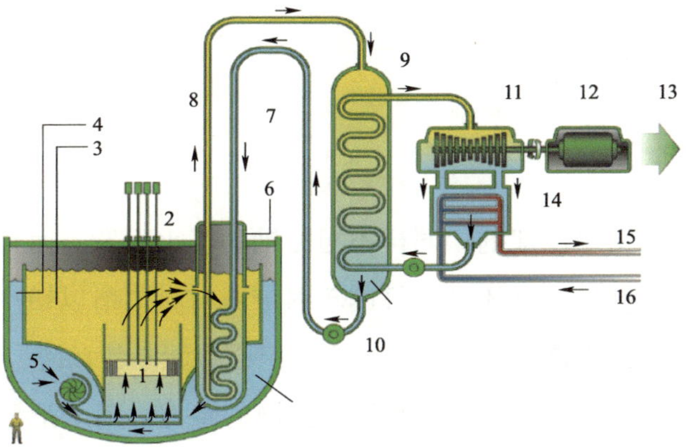

图 3-17　钠冷快堆示意图

1—堆芯；2—控制棒；3—（流出堆芯的）一回路钠；4—（流入堆芯的）一回路钠；5—钠泵；
6—热交换器；7—（流入热交换器）二回路钠；8—（流出热交换器的）二回路钠；9—蒸汽发生器；
10—泵；11—汽轮机；12—发电机；13—电能；14—冷凝器；15—环境水流出；16—环境水流入

7.5 气冷快堆

气冷快堆用氦气冷却，比用液态金属冷却成本低多了，也不像钠冷快堆那样担心钠遇水和空气发生燃烧。特别是它对钍的转化效果非常好，我国丰富的钍资源将得到充分利用，见图 3-18。

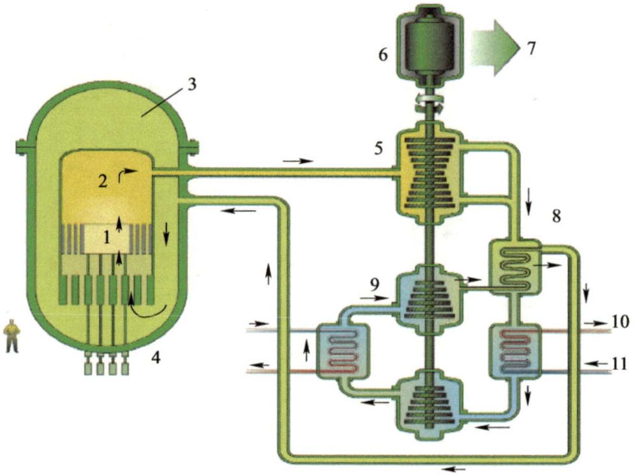

图 3-18　气冷快堆示意

1—堆芯；2—（流出堆芯的）氦气；3—（流入堆芯的）氦气；4—控制棒；5—气轮机；6—发电机；7—电能；8—余热回收热交换器；9—压缩机；10—环境水流出；11—环境水流入

7.6 铅冷快堆

铅冷快堆用铅作冷却剂，同样不担心钠的着火问题。而且铅热容量很大，导热性也很强，同时还是很好的辐射屏蔽材料，所以铅冷快堆可以做成紧凑的模块，去直接给工厂供热，不必担心核泄漏的风险。

要说这些第四代核电反应堆有什么共同的特点，用个形象的说法：原来需要造 4 台核电机组的地方，将来只要 3 台机组就够了（热效率提高了约 1/3），所需成本可能只比原来的 2 台多一些；原来核废物是越来越多，但将在却是越来越少；而且即使生活在厂区旁边也完全不用担心核事故的发生，这不仅是因为发生堆芯损坏的概率已经低到百万年一遇

（CDF＜10^{-6}每堆每年），还因为即使发生最严重的堆芯损坏事故，厂区之外也不受放射性影响（无需场外应急），见图 3-19。

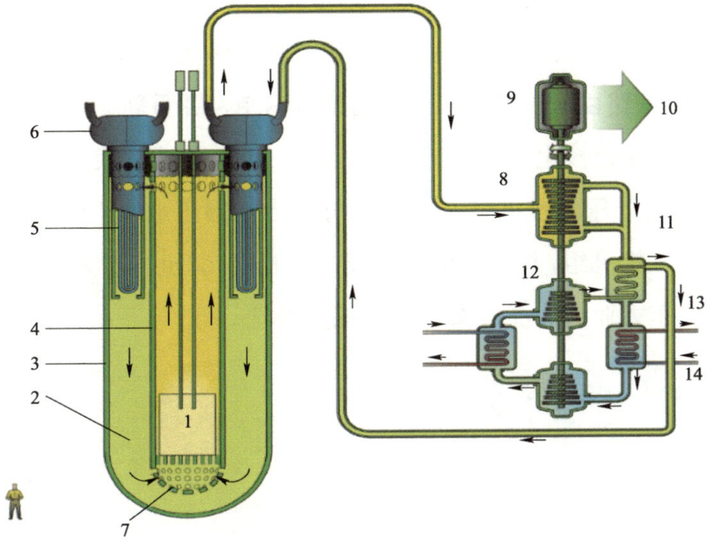

图 3-19　铅冷快堆示意

1—堆芯；2—（流入堆芯的）铅；3—冷却剂模块；4—核燃料模块；5—U 型管热交换器模块；6—端塞；7—流量分配罩；8—气轮机；9—发电机；10—电能；11—余热回收热交换器；12—压缩机；13—环境水流出；14—环境水流入

这些新的核电技术为人类描绘了一个安全、高效、清洁的未来。人类未来的文明之光，将主要由核电点亮。

第八节　中国核电发展现状

8.1　中国核电产业的发展

1991 年，秦山核电站并网发电的成功标志我国核电事业的突破，在此后的几年里，我国核电事业不断突破，迎来了新的春天。

1994 年 2 月和 5 月，我国从法国引进的两套 M310 型百万千瓦级核电机组在广东大亚湾分别投入商运，标志着我国在核电建设领域首度展开国际合作。

1995 年至 2004 年，我国电力供应相对充裕，核电因此被定位为我国能源的补充，核电发展方针也调整为“适度发展”。1994 年，我国开始建造秦山二期 2 台 65 万千瓦压水堆机组，秦山二期参考大亚湾核电站进行“翻版和改进”，一回路由 M310 的三个环路改为两个，并重新设计堆芯。这一时期，我国共有 8 台核电机组开工建设。截至 2004 年底，我国新建成秦山二期 2 台自主设计压水堆机组，岭澳一期 2 台法国压水堆机组、秦山三期 2 台加拿大压水堆机组，共 6 台机组建成并网发电。装机容量为 474.6 万千瓦，初步形成广东大亚湾、浙江秦山两大核电基地。

图 3-20 广东岭澳核电站

随着我国经济快速发展，能源电力供给日益成为我国经济、社会发展的瓶颈，核电的重要地位逐渐凸显。2006 年 3 月，国务院常务会议审议通过了《核电中长期发展规划（2005—2020 年）》，明确指出“积极推进核电建设”，确立了核电在我国经济与能源可持续发展中的战略地位。其中规划目标为：到 2020 年，核电运行装机容量争取达到 4 000 万千瓦；同时，考虑核电的后续发展，2020 年末在建核电容量应保持在 1 800 万千瓦左右。自此，我国核电进入规模化发展的新阶段。

2011 年日本福岛核事故后，我国对所有在运在建核电项目开展了全面安全隐患大排查，针对排查出来的潜在隐患研究方案并采取改进措施，加强顶层设计，制定最严格的安全标准，建立健全国家核应急综合体系，进一步提升了我国核电站的安全性。

秦山一期核电站已经安全运行多年，在 2003 年世界核电运营者协会规定的 9 项性能指标中，秦山核电站有 6 项指标达到中值水平，其中 3 项指标达到世界先进水平。核电、核燃料和核应用技术已成为新时期中国核工业的三大支柱产业。

2012 年，核电中长期发展规划和核电安全规划获批，从政府决策层面上对我国核安全现状和未来安全发展要求有了明确的结论。2013 年，国务院颁布的《大气污染防治行动计划》具体提出到 2017 年运行核电机组装机容量达到 5000 万千瓦的要求。同年，上海电气、东方电气、哈电集团等三大动力集团完成了各自的能力布局，迎来了批量交货的高峰。

面对能源危机，中国核电发展也从过去的“适度发展”转为“加快推进”。2014 年 11 月 19 日，国务院办公厅正式发布《能源发展战略行动计划（2014—2020 年）》。行动计划指出，到 2020 年，核电装机容量达到 5 800 万千瓦，在建容量达到 3 000 万千瓦以上。再次为我国核电建设摁下加速键。此时大陆拥有商运核电机组 20 台，装机容量为 1 809 万千瓦。2018 年 5 月，我国核电在运 38 台，在建 20 台，装机容量为 3 700 万千瓦。

截至 2020 年底，中国国内在运、在建（含待建 7 个）核电机组 72 个，总装机容量为 7 700 万千瓦，但因 2011 年后受福岛核事故影响建设速度一度放缓，最终未完成在运及在建机组总装机容量 8 800 万千瓦的目标。

其中在运机组 49 个，装机容量为 5 102.71 万千瓦，核电总装机容量占比约为 2.4%，在运机组数量和装机容量仅次于美国和法国，位列世界第三。

2020 年在建（含待建）核电机组共 23 台，装机容量约 2 600 万千瓦，位列全球第一。该年全国累计发电量为 74 170.40 亿千瓦时，49 台运行核电机组累计发电量为 3 662.43 亿千瓦时，占全国累计发电量的 4.94%。2021

年 1 月至 8 月我国核电装机容量达 5 326 万千瓦。

图 3-21　石岛湾核电站

2022 年 12 月 9 日，国家科技重大专项——华能石岛湾高温气冷堆示范工程 1、2 号反应堆达到初始满功率，实现了“两堆带一机”模式下的稳定运行。该工程是全球首座球床模块式高温气冷堆，也是我国具有自主知识产权的第四代核电项目。

在全面落实“碳达峰、碳中和”目标的背景下，我国能源电力系统清洁化、低碳化转型进程将进一步加快，核能作为近零排放的清洁能源，将具有更加广阔的发展空间，预计保持较快的发展态势，我国自主第三代核电会按照每年 6 到 8 台的核准节奏，实现规模化批量化发展。预计到 2025 年，我国核电在运装机容量为 7 000 万千瓦左右；到 2030 年，核电在运装机容量达到 1.2 亿千瓦，核电发电量约占全国总发电量的 8%。

8.2　中国目前主要核电项目

经过几十年的砥砺奋进，中国目前已经建立了完善的核工业体系，在设计、制造、施工、安装、调试、运行、维修、后处理、运营管理、核燃料等各环节都取得了举世瞩目的成就。无论是从前端的铀浓缩，核燃料制造，到核电站技术的发展，到后段的乏燃料后处理技术，乃至快堆、高温气冷堆、聚变堆的研究，门类齐全，中国核电逐步从世界核电大舞台的边缘逐步走到中央。

目前，中国自主品牌第三代核电技术“华龙一号”已投入商运，并成功走出国门，出口巴基斯坦；自主技术第四代核电高温气冷堆示范工程已成功并网发电；大容量第三代核电技术“国和一号”研发成功并开工建设；第四代核电 600 兆瓦快堆示范工程也在建造当中。还有海上浮动堆、一体化小型堆等各种先进核电技术正在齐头并进研发当中。

未来的核电明星是聚变堆。中国自主研究的核聚变实验装置“人造太阳”已取得 1.2 亿摄氏度超高温度下运行超过 100 秒的重大突破。

可以说，经过 40 多年的持续引进、学习和建设，中国核电已从核电技术的追赶者，变为核电技术的并跑者，部分环节已是领跑者。

8.3　中外合作的核能产业

中俄核领域合作：VVER 电站、快堆、浮动堆、空间堆、同位素热源、低浓铀贸易；

中美合作：AP1000、核安保、行波堆；

中法合作：CPR1000 核电、乏燃料后处理；

中英合作：核电出口，退役治理；

中哈合作：核燃料、铀资源开采；

中非合作：核电出口，铀资源；

中加合作：坎度堆，天然铀贸易。

第九节　可控核聚变——未来能源的希望

在人类目前的发展中，所使用的能源主要来自石油、煤炭等不可再生资源。且不说这两者都会对环境产生污染，主要是它们迟早有用完的那一天。如果要寻找其他能源来替代，可控核聚变无疑是最好的选择。

众所周知，核能的理论基础是由著名科学家爱因斯坦建立的相对论。爱因斯坦相对论用方程式 $E=mc^2$ 表示，从 1905 年爱因斯坦的相对论公开发表起，世界各国的科学家都对核能都进行了多方面的探索。除了将重核裂变获得核能之外，也可以将质量很小的原子核（轻原子核）结合在一起，这个过程也就是核聚变。主要包括氢的同位素氘（^2H，重氢）和氚（^3H，超重氢）聚合的反应，叫做核聚变。太阳就是一种核聚变反应，在太阳的内部，每秒都会有 6 亿吨的氢经过热核聚变反应为 5.96 亿吨的氦，并释放出相当于 400 万吨氢的能量，而这 1 秒所释放的能量就可以满足人类 20 万年以上的能量需求。但并不能直接将这些能量拿来使用，所以只能发展核能，也就是造一个“太阳”。

同时核聚变反应下的产物是无放射性污染的氦，并且核聚变需要极高的温度，一旦某个环节出现问题，燃料温度会立刻下降，反应也会随即终止。换句话说，核聚变反应是一种次临界堆，它绝对不会发生类似于切尔诺贝利和福岛核电站的事故。

简而言之，核聚变反应可以看作是一种无限清洁安全的新能源，所以各个国家才会对核聚变的研发如此重视，而这种强大的能源也代表着它的研发难度非常高。

目前受控核聚变实现的方式主要有两种——磁约束核聚变和惯性约束核聚变。

9.1 磁约束核聚变

磁约束聚变技术是一种利用磁场约束高温等离子体的核聚变技术。在这种技术中，等离子体被约束在一个磁场中，形成一个类似于“甜甜圈”的形状。磁场的作用是限制等离子体的运动，使得高温高压的等离子体能够维持足够长的时间，以达到聚变反应的条件。世界上的磁约束聚变装置主要有托卡马克、仿星器、磁镜三种类型，其中托卡马克最容易接近聚变条件而且发展最快。目前，磁约束聚变技术的主要代表是国际热核聚变实验反应堆（ITER）、我国正在自主设计、研发的 CFETR 项目以及日本和欧盟共同合作建造的全超导托卡马克核聚变实验装置（JT-60SA）。

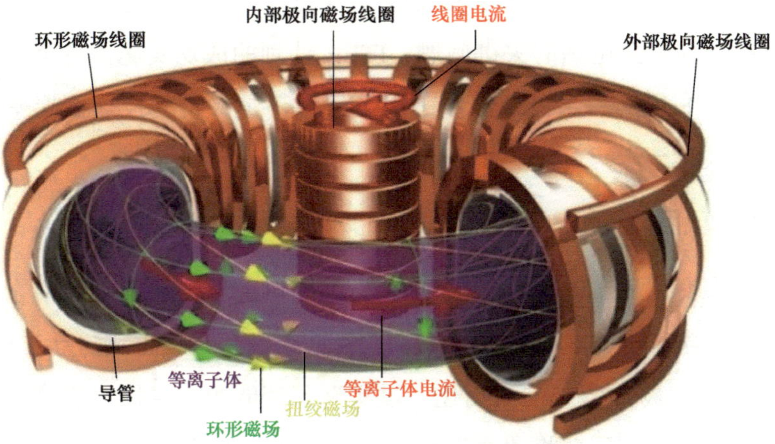

图 3-22　磁约束核聚变原理图

ITER 项目

ITRE 计划是当今世界规模最大的国际大科学工程之一，是为解决人类未来能源问题而开展的重大国际合作计划。该计划由美、苏首脑于 1985 年提出倡议，1988 年开始正式设计，2003 年初，我国正式加入计划谈判。2006 年，中国、欧盟、印度、日本、韩国、俄罗斯和美国七方签署 ITER 计划的联合实施协定及相关文件，谈判成立 ITER 组织。同时各方分别承担部件制造任务，其中我国承担了 ITER 中导体、电源、校正场线圈、超导馈线、极向场线圈等研发任务。

在目前，国际磁约束聚变界的主要研究内容是与 ITER 装置相关的各类物理与技术问题。

ITER 的作用和任务是利用具有电站规模的实验堆证明氘、氚等离子体的受控点火和持续燃烧，验证聚变反应堆系统的工程可行性，综合测试聚变发电所需的高热流和核部件，实现稳态运行，从而为建造聚变能示范电站奠定坚实的科学基础和必要的技术基础。到目前为止，ITER 装置设计总聚变功率已经达到 5×10^5 千瓦，是一个电站规模的实验反应堆。

ITER 将集成当今国际受控磁约束核聚变研究的主要科学和技术成果，第一次在地球上实现能与未来实用聚变堆规模相比拟的受控热核聚变实验堆，解决通向聚变电站的关键问题。ITER 计划的成功实施，将全面验证聚变能源开发利用的科学可行性和工程可行性，是人类受控热核聚变研究走向实用的关键一步。

CFETR 项目

中国聚变工程实验堆（CFETR），是中国自主设计和研制并联合国际合作的重大科学工程，该项目于 2017 年 12 月 5 日在合肥正式启动工程设计，CFETR 目标是将研究走向实用化，以实现聚变能源为目标，直接瞄准未来聚变能的开发和应用，将建成世界首个聚变实验电站。

1983 年，国家“核能发展技术政策论证会”首次提出我国核能“热堆—快堆—聚变堆”的三步走发展战略。当今世界，核聚变能源技术创新正在酝酿突破，是抢占世界能源科技创新的战略选择。我国作为最早参与设计 ITER 的国家之一，为 ITER 计划实施作出重要贡献，我国已经建成中国环流二号、中国环流三号，东方超环等核聚变科研装置，为我国掌握聚变核心技术提供坚实的创新基础。

我国核聚变能研究开始于 20 世纪 60 年代初。从 20 世纪 70 年代开始，我国集中选择了托卡马克为主要研究途径，先后建成并运行了 CT-6、KT-5、HT-6B、HL-1、HT-6M 托卡马克实验装置。目前，我国的托卡马克装置主要有华中科技大学的 J-TEXT 装置、核工业西南物理研究院的 HL-2M 装置和中国科学院等离子体物理研究所的 EAST 装置。未来十年，重点在国内磁约束的两个主力装置（EAST、HL-2M）上开展高水平的实验研究。EAST 装置目前基本完成了升级，研究能力和实验条件有了大幅度提高，可以开展大量的针对未来 ITER 装置和下一代聚变工程堆稳态高性能等离子体研究，实现磁场稳定运行在 3.5 特斯拉、等离子体电流 1.0 兆安倍，获得 400 秒稳定、可重复的高参数近堆芯等离子体的科学目标，成为能为 ITER 装置提供重要数据库的国际大规模先进试验平台。

我国预计在 2035 年前后建成 CFETR 装置。CFETR 装置相较于目前在建的 ITER 装置，在科学问题上主要解决未来商用聚变示范堆必需的稳态燃烧等离子体的控制技术，氚的循环与自持，聚变能输出等 ITER 装置未涵盖的内容；在工程技术与工艺上，重点研究聚变堆材料、聚变堆包层及聚变能发电等 ITER 装置上不能开展的工作；掌握并完善建设商用聚变示范堆所需的工程技术。CFETR 装置的建设不但能为我国进一步独立自主地开发和利用聚变能奠定坚实的科学技术与工程基础，而且使得我国率先利用聚变能发电、实现能源的跨越式发展成为可能。

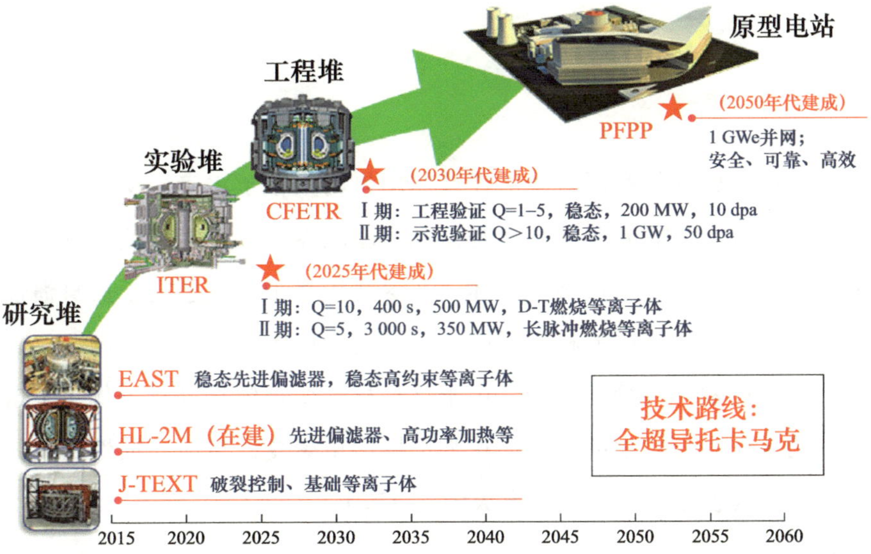

图 3-23　中国磁约束聚变发展路线图（来源：中国工程院院刊）

2023 年 8 月 25 日，我国新一代的“人造太阳”中国环流三号取得重大科研进展，首次实现 100 万安培等离子体电流下的高约束模式运行，这不仅再次刷新了磁约束聚变装置运行的记录，还突破了等离子体大电流高约束模式运行控制、高功率加热系统综合集成、先进偏滤器位形控制等关键技术难题。可以说，这是人类可控核聚变史上的一次重大里程碑。

JT-60SA 项目

JT-60SA 是一个由日本和欧盟共同合作建造运行的超导托卡马克装置，位于茨城县日本原子能研究开发机构（JAEA）内。在国际热核聚变实验堆运行前，JT-60SA 是世界上最大的热核聚变实验装置。它的一个目标是为 ITER 探索核聚变反应的最佳条件和参数，测试相关技术和操作要点。日本的 JT-60SA 和其他托卡马克装置一样，有着“甜甜圈”形的真空管道，外部缠绕着可产生磁场的超导线圈，腔体内部是炽热的电离气体云或等离子体，诱导氢原子核融合并释放能量。这台四层楼高的装置可将等离子体加热到 2 亿摄氏度并维持约 100 秒。2023 年，作为世界上最新、规模最大的核聚变反应堆——JT-60SA 成功点火，成为实用核聚变能源漫长发展进程中的一个里程碑。

9.2 惯性约束核聚变

惯性约束聚变是利用粒子的惯性作用来约束粒子本身，从而实现核聚变反应的一种方法。其基本思想是：利用驱动器提供的能量使靶丸中的核聚变燃料（氘、氚）形成等离子体，在这些等离子体粒子由于自身惯性作用还来不及向四周飞散的极短时间内，通过向心爆聚被压缩到高温、高密度状态，从而发生核聚变反应。由于这种核聚变是依靠等离子体粒子自身的惯性约束作用而实现的，因而称为惯性约束聚变。目前，惯性约束聚变技术的主要代表是美国的国家点火装置（NIF）

美国 NIF

NIF 是美国科学家研制的世界最大激光约束聚变装置。由美国加利福尼亚州劳伦斯利弗莫尔国家实验室研制。在实验中，192 束激光束轰击一个装有氢燃料的微小“胶囊”，可把 200 万焦的能量通过 192 条激光束聚焦到一个很小的点上，使其升温并迅速膨胀，直至内爆，从而产生类似恒星和

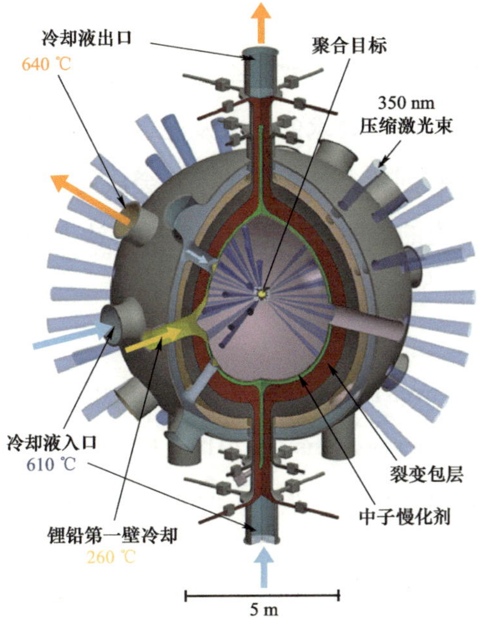

图 3-24　激光惯性约束核聚变反应堆示意图

巨大行星的内核以及核爆炸时的温度和压力。在惯性约束下，产生高温高压等离子体，最终实现聚变点火。在此基础上，可以实施此前在地球上无法实施的许多试验。该计划 1997 年开工，2009 年正式落成，其最终目标是点火实现自持聚变反应。

9.3　其他核聚变技术

总的来说，核聚变技术的发展现状是处于不断探索和研究的过程中。在此过程中，还有其他技术发现，如利用磁场和惯性约束结合的方式实现核聚变的磁外聚变技术。利用静电场来约束等离子体，并利用热中子来促进核聚变反应的静电约束聚变技术，同时近年来，东华理工大学的张国书教授，带领其课题组，长期致力于悬浮装置设计研究。2019 年，针对我国基础科研发展战略需求，他在国内首次提出发展“天环一号”悬浮偶极场磁约束等离子体物理大科学实验装置计划，并获江西省重点研发计划项目经费支持，负责研发我国第一个悬浮偶极场聚变实验装置——“天环一号”

偶极场聚变实验大科学装置项目。

虽然目前还没有一种技术能够完全实现商业化运行，但是各种技术的不断进步和发展也为核聚变技术的未来发展带来了更多的可能性。未来，随着技术的不断进步和创新，核聚变技术将会成为一种高效、清洁、可持续的能源来源，为人类的能源需求提供更多的解决方案。

参考文献

[1] IAEA. Nuclear Power Reactors in the World 2017 Edition [R]. 2017.

[2] IEA. Key World Energy Statistics 2016 [R]. 2016.

[3] IEA. World Energy Outlook 2013 Chapter 06 Renewable Energy Outlook [R]. 2013：57.

[4] 国家发展和改革委员会. 核电中长期发展规划（2005—2020 年）[Z]. 2007.

[5] BP 集团. BP 世界能源展望（2017 版）[R]. 2017.

[6] 俞冀阳. 反应堆热工水力学 [M]. 北京：清华大学出版社，2011.

[7] 谢仲生，吴宏春，张少泓. 核反应堆物理分析（修订本）[M]. 西安：西安交通大学出版社，2004.

[8] 朱继洲，等. 核反应堆安全分析 [M]. 西安：西安交通大学出版社，2004.

[9] 朱继洲，单建强，张斌. 压水堆核电厂的运行 [M]. 北京：原子能出版社，2008：354.

[10] 中国核工业集团公司人力资源部与中国核能电力股份有限公司，国家职业资格培训教程. 核反应堆运行值班员（基础知识）[M]. 北京：中国原子能出版社，2014.

[11] A Technology Roadmap for Generation IV Nuclear Energy Systems，GIF-002-00 [R]. U.S. DOE Nuclear Energy Research Advisory Committee and the Generation IV International Forum，2002.

第四章　核燃料的前世今生

第一节　核工业的生命线——核燃料循环

核能的开发、利用要有核燃料的支撑，核能的持续发展更需要把核燃料不断循环起来，使未燃尽燃料得到充分利用，使新生成的核燃料得以有效利用，使其他有价核素得以广泛应用，这就产生了核燃料循环体系。地球上蕴藏着数量可观的铀、钍等核裂变燃料资源，如果把它们的裂变能充分利用起来，可满足人类上千年能源需求。那么，究竟什么是核燃料循环呢？核燃料循环是指核燃料进入反应堆前的制备和在反应堆中燃烧及以后处理的整个过程。这个过程包括：铀（钍）资源开发和燃料加工、燃料在反应堆中使用、乏燃料后处理三大部分。也有一些国家考虑对乏燃料不进行后处理，或暂不考虑后处理。因此，前者为闭式核燃料循环，后者为一次通过式核燃料循环。

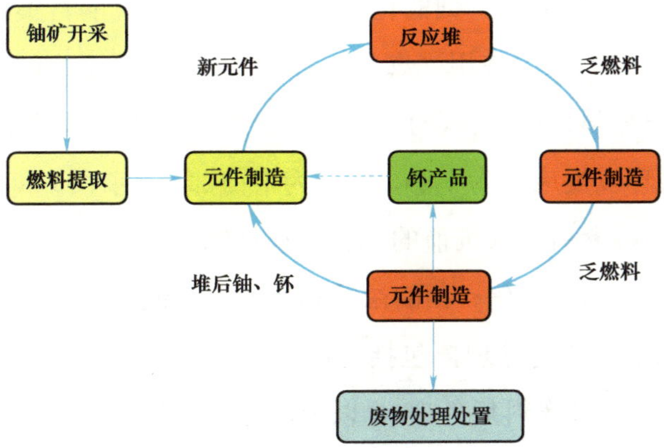

图 4-1　闭式核燃料循环示意图

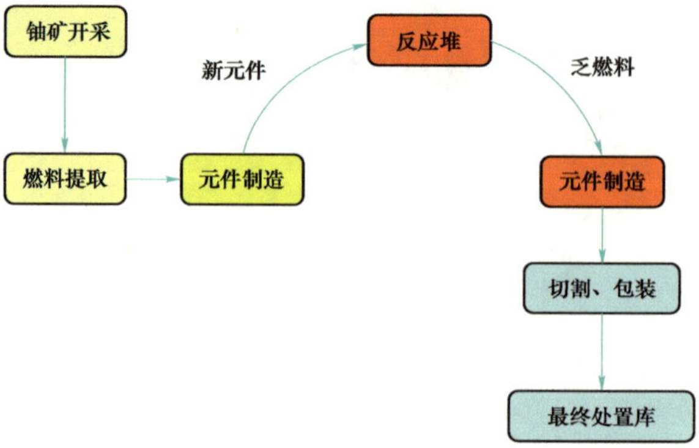

图 4-2 一次通过式（开式）燃料循环示意图

核燃料在反应堆中使用时与化石燃料相比有两个值得重视的特点：一是通过反应堆的一次装料，不能把投入的核燃料全部耗尽；二是在核燃料的“燃烧”过程中，有可能产生新的核燃料。因此，反应堆燃料不是一次耗尽的，必须定期从堆内卸出，经化学处理，回收残留下来的核燃料和新生成的核燃料，再富集、再制成燃料元件，使之能再次返回反应堆循环使用。这一过程称为核燃料的循环。核燃料循环按核燃料性质可分为铀系燃料的铀—钚循环方式和钍系燃料的钍—铀循环方式，而目前世界上只有印度采用钍作为核燃料进行发电。因此，此处钍—铀循环方式省略不做介绍。

铀—钚循环的工艺过程包括：（1）铀矿地质勘探；（2）铀矿石开采；（3）铀的提取和精制；（4）铀的化学转化；（5）^{235}U 的富集；（6）燃料元（组）件制造；（7）堆内使用（燃料）；（8）乏燃料中间贮存；（9）乏燃料运输；（10）乏燃料后处理；（11）放射性废物的处理和最终处置。

核燃料循环以反应堆为中心，划分为堆前部分（前段）和堆后部分（后段）。前段是指核燃料在入堆前的制备，包括铀矿的开采、铀矿石的加工精制（即前处理）、铀的转化、铀的浓缩和燃料元件制造等过程；后段是指从反应堆卸出的乏燃料的处理，包括乏燃料中间贮存，乏燃料中铀、钚和裂变产物的分离（即核燃料后处理），以及放射性废物处理和放射性废物最终处置等过程。核燃料循环从铀矿开采开始，开采出来的铀矿石经精选，在前处理厂得到铀的化学浓缩物。由于轻水堆电站以含 ^{235}U 约 3%的低浓铀作为燃料，需将天然铀（其中 ^{235}U 含量仅占 0.72%）进行铀同位素分离，即铀的浓缩，而当前工业规模的铀浓缩厂以六氟化铀（UF_6）为供料，因此需要将铀的化学浓缩物进行还原、氢氟化和氟化转变为 UF_6，然后再进行铀的浓缩过程。从浓缩厂得到的含 ^{235}U 约 3%的 UF_6，须再经过一个转化过程变为二氧化铀（UO_2），才能送至元件制造厂制成含 ^{235}U 约 3%的低浓铀燃料元件。反应堆是核燃料循环的中心环节，除了提供能量以外，还能再生核燃料。从轻水堆卸出的乏燃料中，^{235}U 含量仍有 0.85%左右，高于天然铀，而且每吨乏燃料还含有约 10 千克钚，其中可作为核燃料的 ^{239}Pu 和 ^{241}Pu 约占 7 千克。因此，如将这些易裂变核素分离出来，作为燃料返回到反应堆，既可节约天然铀，又可节约分离功。

第二节　其实我无处不在——多姿多彩的铀矿石

铀在地壳中平均含量为 2.5×10^{-6}，总储量虽然比金、银、汞、钨、钼、锑、铋等还要多，但是，铀在地下的埋藏十分分散，被称作“分散元素”。并且，铀的化学性质很活泼，喜欢和其他元素合成，形成复合矿，已发现的铀矿物约有近 200 种，铀矿的特点是品位低，矿体分散，规模小，找到高品位的铀矿相当不容易，品位高于万分之五就有开采价值。

铀矿有土状、粉末状、块状等，有些土状铀矿称为铀黑，而块状的则被称为沥青铀矿。铀矿石是具有放射性的危险矿物。它们除了可以提取铀用于核工业外，还可以从中提取到镭和其他稀土元素。铀矿是矿石家族的“玫瑰花”，色彩艳丽，却具放射性。

世界上 30 多个有核电国家中，产铀的有 19 个国家。不少国家有核电而无铀，或有铀而无核电。中国是既有核电又有铀的国家。

铀矿物具有放射性核荧光性两大特性。此外四价铀矿物和六价铀矿物具有不同特征色泽，四价铀多呈黑色、灰黑色、深褐色或暗绿色；六价铀矿物颜色十分鲜艳。

水铀矿

碲铀矿

深黄铀矿

钙铀云母

硅铜铀矿

粒磷铅铀矿

硅铅铀矿

碳镁铀矿

铜铀云母

铜铀矾

图 4-3　多姿多彩的铀矿石

第三节　巧妇难为无米之炊——沙里淘金提铀

寻找铀矿的办法很多，除了摸清地质规律外，可利用铀及其衰变子体具有放射性核释出氡气的特点，采用放射性γ测量，能谱测量、射气测量、水化学法等找矿。通过预查、普查、探查和勘探，提交铀资源储量。

3.1　铀矿的开采方式

铀矿的开采主要有地下开采或露天开采。铀矿石需要经过破碎、研磨和选矿等处理，再利用浸出剂（酸或碱）浸出铀，然后固液分离，对溶液进行离子交换或溶剂萃取，最后得到有化学浓缩物。采矿和选矿，会产生很多的废矿石，进出会产生许多尾砂矿。还有，铀衰变的子体镭和氡，必须做好防护工作。我国对治理废矿渣石，总结了“拦、护、填、封、疏、盖、植”七字治理方法，有效减少了空气中氡的析出率及水中铀和镭的浓度。

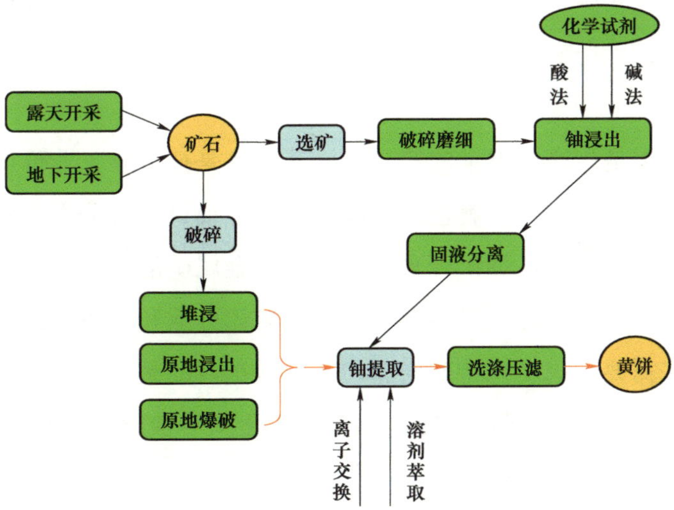

图 4-4　铀选冶工艺流程示意图

近年来开发的地浸法，对砂岩型铀矿，不必将铀矿石挖出来，省去运输，磨碎矿石等许多工序，只需要打几口井，往地下注酸（或碱液或二氧化碳+氧气），在地下把铀溶解出来。然后，将铀矿浆从地下抽上来，直接输运到水冶厂去加工。这样，把采矿、选矿和水冶连成了一体，不会产生很多污染环境的废石和尾砂矿。地浸是个好办法，但由于地浸开采条件苛刻，找到适合用于地浸的铀矿床难度较大。

除了地浸法外，还有堆浸法、原地爆破浸出法，细菌浸出法等。堆浸法就是把矿石破碎后在地面堆成堆，在上面喷洒稀硫酸，收集浸出液。原地爆破浸出采铀就是将采场内的矿石破碎到一定粒度，在原地用事先配制好的溶液对矿石进行喷淋，再将所形成的浸出液送地面水冶处理的方法。细菌浸出法是利用细菌的氧化作用，少用或不用硫酸，从矿石中浸出铀的一种方法。常用能氧化含铁硫化矿的菌种，如氧化硫杆菌和氧化铁硫杆菌。细菌浸出法还没有得到工业应用。

3.2 铀的提取工序

铀的提取实际上是从各种含铀矿物中提取天然铀的前处理过程，可粗略地分为采矿、选矿、浸取和提取四道工序。

（1）采矿

铀矿开采是生产天然铀的第一步，其任务是把具有工业价值的铀矿石从地下矿床中挖掘出来。就世界范围而言，含铀量在万分之几到百分之几的铀矿具有开采价值。铀矿开采与其他有色金属矿的开采方法基本相同。但由于铀矿具有放射性，又存在品位低、矿体分散和形态复杂等特点，因而它的开采需要考虑一些特殊问题，其中最重要的是在采矿过程中要采取一系列的放射性监测和防护措施。目前世界上大多数国家采用地下开采法，少数国家采用露天开采法。

（2）选矿

由于铀矿品位低，开采出来的铀矿石中必然掺入较多的废石（脉石和围岩)，所以这些矿石在经过适当的破碎之后，还必须用一定的物理方法进行选矿，才能得到高品位的铀精矿。常用于铀矿石的物理选矿法有：放射性选矿法、浮选法和重力选矿法等。

（3）浸取

为了提高铀的回收率和减少放射性物质对环境的影响。铀精矿的冶炼常采用湿法流程。铀湿法冶炼的第一步是浸取。浸取（浸出）是用化学试剂溶液处理矿石或其他固体物料，以选择性溶解欲提取组分的分离过程。具体的浸取方法要根据矿石的类型来选择。尽管铀矿石的种类繁多。成分复杂，但大体上可分为硅酸盐矿和碳酸盐矿两大类。前者适宜用酸法浸取，后者适宜用碱法浸取。

（4）提取

铀精矿浸出液中的铀浓度很低，一般每升矿浆仅含几百毫克铀，高的也不过 1～2 克。其余大部分都是杂质。因此，铀从矿石浸出之后，必须首先采用强有力的分离手段，把铀从浸出液中提取出来。常用的提取方法有化学沉淀法、离子交换法和溶剂萃取法等，在核工业发展初期，化学沉淀法曾经是提取铀的主要分离方法，但因它存在生产工序多、试剂消耗量大

图 4-5　铀的浓缩化合物（黄饼）

和铀的回收率低等缺点，目前已被其余两种方法所取代。至于实际流程中究竟选用离子交换法还是溶剂萃取法，要根据浸出液的组成和特点来定。一般地说，对铀浓度低的矿浆用离子交换法较好，而对铀浓度较高的清液则用萃取法处理更为适宜。

第四节　身心的一次净化——铀的纯化与转化

预处理过的铀矿石经过酸（如硫酸）或碱（如碳酸钠）的浸渍，得到含铀矿浆。矿浆经过化学萃取或离子交换核沉淀处理，获得称为“黄饼”的粗产品。黄饼中所含的氧化铀仅占 40%～80%，它里面含有很多杂质，并且很多是会“吃掉”维持链式反应的中子的毒物。因此，需要进一步提纯并制备成铀氧化物，该工艺叫做铀的精致。

4.1　铀精制方法

铀精制方法有：溶剂萃取法、离子交换法、离子交换与溶剂萃取复合法、沉淀法等。经过精制，获得铀的中间产品。

中间产品还要进行化学转化，制成二氧化铀或金属铀，才可供下一步制造重水反应堆的燃料原件；经过铀-235 的富集之后，才可制造成轻水反应堆和研究堆的燃料原件或供作原子弹的装料。

用萃取法或离子交换法处理浸出液得到的铀化学浓缩物仍然含有相当数量的杂质元素，达不到核燃料所需要的纯度要求，因而必须进一步将它纯化（精制）。目前各国用的较多纯化方法仍是溶剂萃取法。

4.2　铀的转化

从铀纯化过程直接得到的产品一般是硝酸铀酰、重铀酸铵或三碳酸铀酰铵等化合物。这种产品要根据核燃料循环后续工序的要求，进一步转换为所需的化学形式。若纯化铀是送去进行同位素分离，便需最终把它们转化为六氟化铀；若纯化铀直接用作反应堆燃料，则可将它们转化为金属铀、二氧化铀或碳化铀等形式。铀的这种转化过程大多采用干法工艺流程。

第五节　齐心聚力的升华——铀的同位素富集

从铀矿石中提炼出的核级纯天然铀，仍是 ^{238}U、^{235}U、^{234}U 的混合物，其中易裂变核素 ^{235}U 仅占 0.72%。因此天然铀除可用作生产堆和少数动力堆的燃料外，在大多数动力堆及其他应用领域都还不能直接利用。如轻水堆需使用低浓铀作燃料，其 ^{235}U 富集度一般为 2%～3%；而快堆在缺乏钚的情况下使用铀作燃料时，则需将 ^{235}U 富集度提高到 25%以上；至于高中子通量的材料试验堆则需使用 ^{235}U 富集度大于 90%的高浓铀作燃料。钍—铀循环的初始装料需用高富集铀。而高富集铀又是核武器的重要装料。为了获得能满足上述不同需求的浓缩铀，必须采用特殊的方法来分离铀的同位素，这种由铀同位素混合物中提高所需同位素（^{235}U）含量的工艺过程称为铀的浓缩。生产 1 吨富集度为 3%的低富集铀，大约需要 5.5 吨天然铀原料。富集过程中剩下 4.5 吨贫化铀，即 ^{235}U 丰度下降到 0.2%左右，一般无工业应用价值，作为尾料排出贮存。

鉴于天然铀中 ^{234}U 的含量仅占约 0.005 4%，故铀浓缩的实质就是实现 ^{235}U 与 ^{238}U 间的分离。由于 ^{235}U 与 ^{238}U 的物理和化学性质基本相同，仅在质量上有微小的差别，从而给它们彼此之间的分离在技术上带来很大的困难。因而只能利用因质量不同而引起的一些效应，如速度效应、电磁效应和离心力效应等，来使同位素分离。美国第一颗原子弹装料是用电磁法、热扩散法和气体扩散法联合生产出来的。电磁分离法的原理是基于具有不同电荷/质量比的离子在磁场中运动的不同半径轨迹来实现其空间分离和方向聚焦。电磁法的分离效果高，但产量很低而耗电量大，成本高昂。在已知的多种分离方法中，迄今只有三种方法具有工业应用的意义，即气体扩散法、离心机分离法和分离喷嘴法。法、日、美、俄、南非等国正在加紧研究的激光分离技术，虽然理论上可在单级实现完全的分离，大大降低电能消耗和分离功成本，但仍存在许多技术难关，需要继续投入大量的研究开发工作。其他如正在研究的化学分离法也有希望获得实际应用。

5.1 气体扩散法

气体扩散法是最早实现工业上浓缩铀所用的大规模生产方法。它的基本原理是基于两种不同分子量的气体混合物（$^{235}UF_6$和$^{238}UF_6$）在热运动平衡时，两种分子具有相同的平均动能和不同的运动速度。轻分子（$^{235}UF_6$）的平均速度大，较重分子（$^{238}UF_6$）的平均速度小，因此较轻分子同容器壁扩散膜的碰撞次数，相对于它的丰度来说，要比较重分子多些。扩散膜含有容许分子通过的无数微孔，因此，两种组分就以不同速率通过多孔膜而扩散。但为了实现分离，还要求气体流过微孔时，很少发生分子间的相互碰撞。为此扩散膜中的微孔直径须小于气体分子运动的平均自由程（即分子运动中每两次碰撞之间的平均距离）。气体的密度越低，平均自由程越长。用扩散法分离同位素的条件是，气体压力必须足够低，扩散膜的孔径必须足够小，且不会由于腐蚀而扩大。扩散膜是气体扩散厂的最核心部件。实际采用粉末冶金法制成的烧结镍膜、烧结氧化铝膜或聚四氟乙烯膜，每平方厘米有几亿个微孔，孔径为0.01微米。

气体扩散法分离铀同位素因具有工艺过程比较简单、设备运行稳定可靠，容易在工程上实现等优点，所以这种铀的浓缩方法为各国所普遍采用。但气体扩散法的缺点是分离系数太小，需要串联太多的分离级和消耗太多的电能，因而缺乏经济竞争力。美国的扩散厂已陆续退役，法国扩散厂改进的余地也是不大的。

5.2 离心机分离法

在高速旋转的离心机中，由于很强的离心力场的作用，可实现轻、重同位素的分离。在离心机中，较重的分子靠近转筒的外周富集，较轻的分子靠近转轴富集。从外周和中心分别引出气体流，就可以得到略为贫化与略为富集的两股流分。用加热或机械方法使两股气体在离心机中呈轴向的逆向流动，可加强分离效果。由于单个离心机的流量和生产能力太小，要达到一定的工业生产规模，在各分离级中必须并联多台离心机。到 20 世纪 80 年代，离心机法的工艺趋于成熟，经济上已可与气体扩散法相竞争，成为一种工业规模生产富集铀的替代方法。目前国内外已建成具有相当规模的离心机富集铀生产厂。

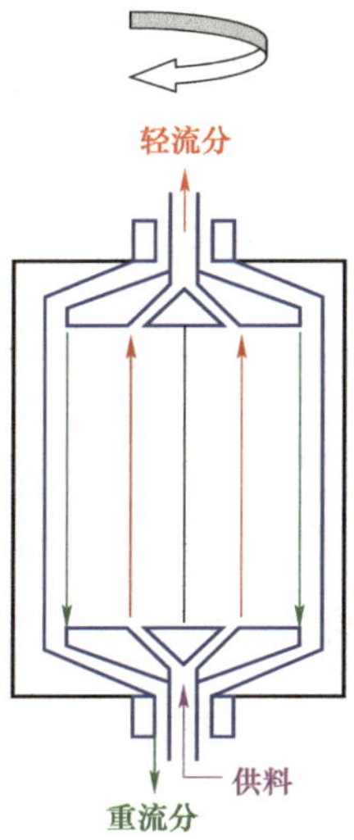

图 4-6　离心机分离同位素示意图

5.3　分离喷嘴法

分离喷嘴法的原理是用大量（约 95%）氦气或氢气同六氟化铀气体混合成为工作气流，使之通过狭缝喷嘴而膨胀，在膨胀过程中加速到超声速的气流顺着喷嘴沟的曲面壁弯转。像离心机一样，轻、重分子受到不同的离心力，使同位素部分地分离，较重分子靠近壁面富集，较轻分子远离壁面富集。利用喷嘴出口处的分离楔尖把气流分成含 ^{235}U 较少的重流分和含

^{235}U 较多的轻流分，分别用泵抽出。掺混较轻的氦气是为了带动较重的六氟化铀分子以高速流动，来大大提高分离效果，氦气最后从混合气体中分离出来重复使用。最佳工作压力与狭缝的尺寸成反比。为了减小管道和压缩机的尺寸以降低设备投资，压力是越高越好。因此采用了细小的喷嘴和沟槽（小于 0.1 毫米）。

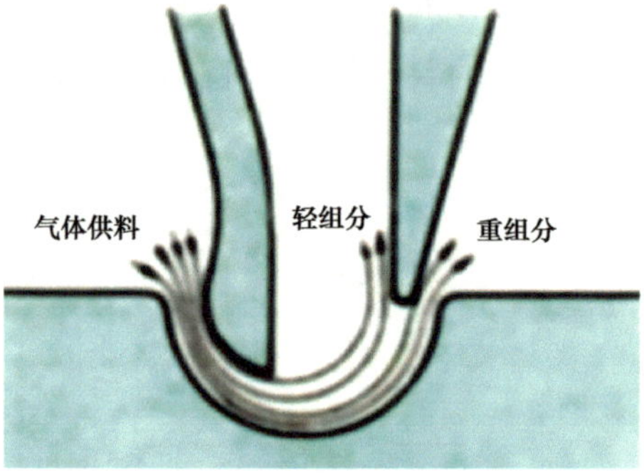

图 4-7　喷嘴法原理图

喷嘴法的单元分离效果不大，介于扩散法和离心机法之间，分离系数为 1.015，同样须将大量的分离喷嘴串联起来成为级联。喷嘴法的优点是级数较少，又避免了使用昂贵的扩散膜，因而投资可能较低。但是为了在各分离级之间压送气体，压缩机消耗的电能甚至超过扩散法，严重地影响其经济性。所以虽然在 20 世纪 70 年代已在德国和巴西建立起实验装置和中间试验工厂，却迄今未能进入商用。

第六节　百炼成钢——核燃料元件的制造

有了富集铀-235 的核燃料，还要做成适于反应堆使用的核燃料部件，这还有很多制作工艺，对制成的核燃料部件要求非常高。

6.1　铀燃料的制备

工业上生产铀燃料，可以用铀同位素分离工厂的产品（浓缩铀）作原料。也可用铀精炼厂提炼出的天然铀作原料。对于动力堆来说，用得较多的燃料型式是 UO_2 和金属铀。而这些型式的燃料都是通过 UF_6 的转换过程来制备的。

6.2　燃料元件的制造

核燃料通常以燃料元件形式装入反应堆内。所谓燃料元件是反应堆内以核燃料为主要成分，用合适的金属或其他材料加以包覆密封、结构上独立的最小构件。它的具体形状有棒状、板状和颗粒球状等。核燃料的主要特点之一是能量密度高，从 1 千克低浓 UO_2 中可得到相当于燃烧 100 吨优质煤的能量。为了充分利用核能，通常要求燃料元件在堆内停留很长时间。如在一般核电站中大约要求停留三、四年，而在核潜艇中的停留时间可达 10 年以上。

燃料元件在堆内受到强烈的中子辐照、高流速冷却剂和裂变产物的化学腐蚀以及各种复杂的机械负荷（包括由于温度、压力变化而引起的应力和应变）的影响。由此可见，燃料元件在堆内所处的工作环境相当恶劣，而又要求它在整个工作期间保持其完整性及形状和尺寸的稳定性，因此作为燃料元件必须具有耐高温、耐辐照、耐腐蚀以及良好的机械性能。此外，从维持链式反应看，为了有效地利用中子，应尽量避免随核燃料或包壳材料中将中子毒物带入堆芯，而且包壳应做得尽可能薄。

不同反应堆使用不同的燃料元件。在通常情况下，生产堆多用金属铀作燃料，用对热中子（慢化中子）吸收截面较小的铝、镁及其合金作包壳材料；轻水堆用低浓二氧化铀陶瓷燃料，以锆合金为包壳材料；而在钠冷快中子增殖堆内，活性区装料为 PuO_2 与 UO_2 混合物的烧结陶瓷块，增殖区为贫化铀的烧结陶瓷块、包壳材料由特殊不锈钢制成。由此可见，燃料元件制造工艺要根据具体的反应堆类型来确定，它需要综合考虑有关金属或化合物的物理性质、化学性质和核性质。

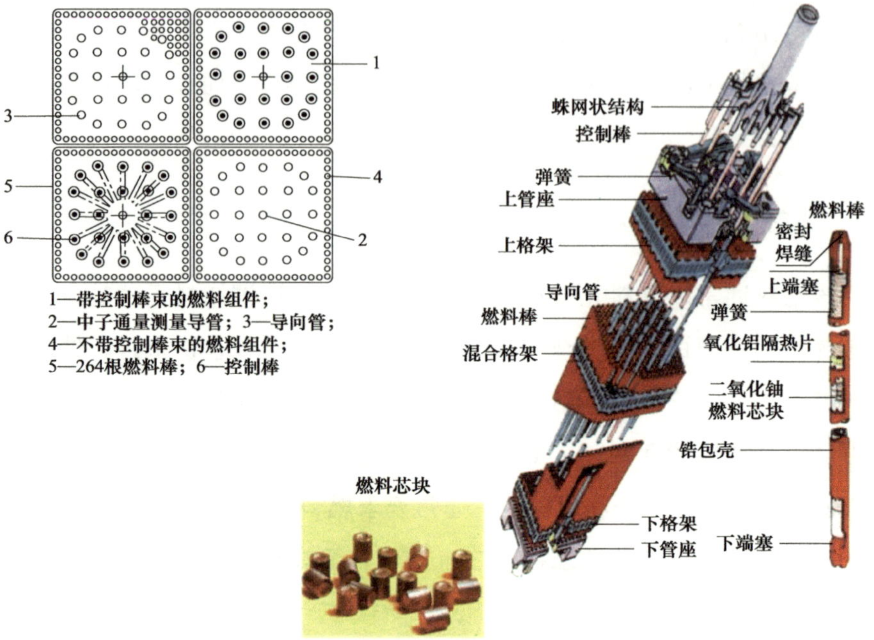

图 4-8　燃料棒组成结构图

第七节　凤凰的涅槃——乏燃料后处理

从反应堆中卸出的燃料，称为“乏燃料”。压水堆乏燃料中，含有未“烧完”的易裂变物质铀-235（它比天然铀中的铀-235 浓度还高），新生的易裂变物质钚-239，还有大量的铀-238（约占 95%），少量裂变产物（如锶-90、铯-137、锝-99、钷-147，贵金属钌、铑、钯等）和次锕系元素（也称超铀元素，如镎-237、镅-241、锔-242），许多是宝贵的同位素。所以有人称它为“核废料”是不合适的。现在全世界 400 多座运行发电的反应堆，每年卸出的乏燃料约为 1 万吨。

从反应堆卸出的乏燃料，根据其不同的组成和特点，经过适当地“冷却”后，要分别对它们进行化学处理。通常把这种从乏燃料中除去裂变产物，分离和回收易裂变核素和可转换核素的处理过程叫做核燃料后处理。

后处理过程的任务可大致归纳为以下四个方面：回收和净化乏燃料中的易裂变核素；回收和净化乏燃料中尚未反应的可转换核素；提取有用的放射性核素；处理和处置放射性废物。

一个完整的后处理流程包括许多工序，但其中最关键的是化学分离工序。目前世界各国广泛使用和研究的化学分离方法可分为湿法和干法两大类。所谓湿法既是将乏燃料进行适当地预处理后溶解于酸中，再采用溶剂萃取、离子交换等高效分离方法，以达到提取有价元素、除去杂质的目的。与此相反，把不引入水溶液的高温后处理工艺称为干法流程。

自然界中无天然的钚，核燃料钚-239 是通过反应堆人工制造的易裂变物质。一座 100 万千瓦电功率轻水堆核电站，每年产生大约 25 吨乏燃料，其中含有反应堆级钚约 250 千克。乏燃料后处理提取的钚是宝贵的财富，可供制造铀、钚混合陶瓷燃料，可用作轻水堆和快堆的燃料。铀、钚混合燃料的使用，对提高铀资源的利用率、减少铀的转换和铀的浓缩要求，减少放射性废物的产生具有重要意义，有良好的发展前景。目前世界上工业化生产混合氧化物（MOX）燃料的已有法、英、比等国家，我国也正在研发 MOX 燃料。铀、钚碳化物燃料目前只有印度生产和在其快中子增殖试验堆上使用。

制造核武器的钚要求钚-239 丰度不低于 93%，而反应堆级的钚中，钚-239 丰度不足 60%。反应堆级钚中含有较大比例的钚-240、钚-238 和钚-242 等，带来了很多问题，如自发裂变率高，使核链式反应过早开始，威力不确定，比活度高，辐射强，释热高，导致安全问题多，技术难度大，有许多需要攻克的地方。

第八节　落叶归根——放射性废物处理

核能的开发利用和人类的生活、工厂的生产和医院，不可避免地要产生废物。核废物量有多少，各国情况不一样。法国是世界上核电和核工业最发达的国家之一，法国有完整的核工业体系，核电占总发电量近 80%。法国产生废物量人均为：工业废物 3 000 千克/年，有毒废物 100 千克/年，放射性废物 1 千克/年（包括高放废物 10 克）。也就是说，核工业和核电高度发达的法国，有毒废物约占工业废物的 3.3%，放射性废物只是有毒废物的 1%。而高放废物又只是放射性废物的 1%，可见放射性废物量是很小的。

当前，国际上对于核电站产生的三废建立了较为完善的废物处理系统和处理办法，具体如图 4-9 所示。

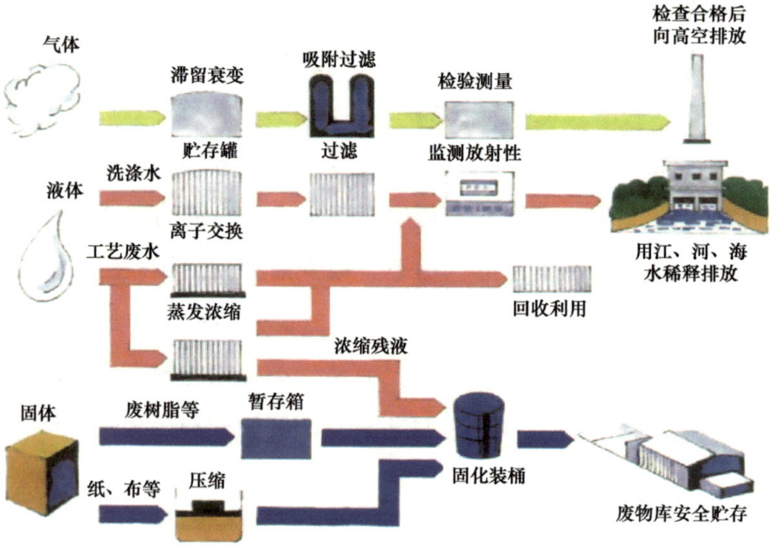

图 4-9 核电站废物处理系统

8.1 废气处理很可靠

在加工、生产、操作放射性物质的时候，难免有放射性气体产生。虽然放射性是看不见、闻不到、摸不着的东西，可是，安全没有问题。一是因为放射性有高灵敏仪器来探测；二是因为有有效的办法捕捉放射性；三是因为有许多办法来净化空气。

在核工业工厂，核电站厂房和放射化学实验室，人们针对它们释放出的放射性物质，采用有效的气体过滤器来捕集放射性颗粒。如生产放射性碘的场所，人们采用碘过滤器；放射性气溶胶高的地方，人们采用气溶胶过滤器；为了捕捉极小的放射性颗粒物，人们采用高效空气粒子过滤器，可把空气中粒径为 0.3 微米的放射性微粒物质除去 99.97%以上。

在核电站，人们通常采用压缩贮存衰变或吸附衰变的办法，让大量短寿命气体放射性核素衰变掉。例如，把放射性气体加压“禁闭”起来，或者吸附在活性炭上，让它滞留五六十天，当再放出来的时候，许多短寿命核素都“死掉”了，放射性就大大减弱了。对于一些较长寿命核素的气体，当通过过滤器的时候，被阻滞保留在过滤器芯是哪个，经过过滤后的空气也就干净了。

8.2 废液处理方法多

放射性核素溶入水中，形成放射性液体。处理放射性废液，除了前面所说的衰变法外，日常运用多的如加热浓缩蒸发法、化学沉淀法、离子交换法等。此外，针对于低、中水平放射性废液，电渗析法、反渗透核超过滤等，这些办法是利用膜技术，使放射性核素选择性地透过膜，分离成净化液和浓缩液，达到废水净化的目的。

8.3 固体废物减容和固化很成熟

（1）压缩减容

生产、运行和操作放射性物质，难免产生一些固体放射性废物，如沾污的设备、器具、劳保用品等。如果它们的体积很大，会增加贮存核处置的花费。压缩减容是常用的办法，可以把可压缩的废物体积减小到原来体积的 1/6～1/3。

（2）焚烧减容

“一把火把物体烧成灰”，这是大家都有的经验。纸品、纺织品、木材、塑料、橡胶、油料等放射性废物，都可以在专门焚烧放射性废物的炉子中烧成灰，获得很大的减容。现在世界上设计建造和使用着各种形式的焚烧炉，这些焚烧炉和一般民用的焚烧炉大不一样，它的建造非常讲究，有很多安全保护措施。例如，烟气要经过多道过滤，焚烧灰要安全收集和处置等。保证不让放射性物质危害公众和工作人员，不会污染环境。

（3）固化和固定

放射性废液蒸发产生的浓缩物、蒸残液、沉淀产生的泥浆、离子交换产生的废树脂和焚烧产生的焚烧灰中，往往富集了较多的放射性核素。为了不让它们扩散开来，人们研究开发了许多有效的固化方法，例如：水泥固化、沥青固化、塑料固化、玻璃固化等。固化体被封装在钢桶或混凝土桶内或其他更好的容器内，包装桶兼顾耐腐蚀、耐温、耐辐照、持久不泄漏。生产包装容器的厂家是有资质的，生产的容器要做检漏、跌落、水淋等许多实验，证明是坚固耐久的。废物固定是在装有固体废物的容器中，浇注某种介质，以填充容器中的空隙，形成无空隙的独石状物体，避免在容器破损之后水浸泡废物体，导致放射性核素的浸出和迁移到环境中。

8.4 分离—嬗变开拓新方法

高放废物深地质处置，要求安全隔离上万年乃至数十万年，花费的代价是很大的，高标准的场址也是很难找到的。加上人们心理接受和社会因素等影响，对高放废物的安全处置，人们期望有更多的好办法可以选择。分离—嬗变就是适应这种需要而正在开发研究的技术。分离—嬗变是把高放废物中次锕系元素及长寿命裂变产物分离出来，做成靶件或元件，送到加速器或反应堆中去轰击或辐照，把长寿命核素转变成短寿命核素或稳定同位素，这就是所称的 P-T 技术。

分离—嬗变概念的提出已经有许多年了，近年进展较快。分离—嬗变办法有以下优点。

（1）使核废物中的长寿命裂变产物和次锕系元素嬗变成短寿命核素，大大降低放射性毒性，大大减轻地质处置的负担。

（2）实现清洁能源、促进核能可持续发展。

（3）提高铀资源的利用率。

参考文献

[1] 罗上庚. 走近核科学技术［M］. 北京：原子能出版社，2005.

[2] http://www.360doc.com/content/13/0531/09/1630322_289389814.shtml

[3] http://www.ecit.cn/b8/32/c2417a47154/page.htm

第五章　多彩多姿的核技术应用

第一节　核技术的形成及发展

人们常常把核科学技术称为“高技术”。可究竟什么是高技术呢？多数人认为，高技术是指那些基本原理建立在最新科学成就基础上，并能创造出较高的经济效益，具有较强增值作用，能向经济、社会各个领域广泛渗透的新技术。高技术一般可分为两大类，一类是高难度技术；另一类是高效益技术。当然，两者之间并没有严格的界限，例如，核技术领域里的应用核技术就介于两者之间，它既有高难度技术的特征，又能产生高效益。

高技术是既有高难度又能产生高效益的技术，核技术有这些特征，属于高技术。可是，核技术到底是什么呢？在核科学领域，核能与核技术是指继天然放射性和铀裂变现象的发现及加速器和反应堆的发明与建造成功，以核物理、核化学、核辐射探测学等科学研究成果为基础，并结合核电子学，核探测器，核分析技术，加速器和反应堆等技术的发展而兴起的一门高新技术。可以说，“核”与“核辐射”基本上囊括了该学科的全部内容。

一提及核技术，很多人都会觉得，核技术应该是待在高精尖实验室里供科学工作者从事专项研究用的，离我们的日常生活太遥远了。其实，现代核科学技术的发展早已不再局限于实验室研究，已经走向日常生活的方方面面，为人类的日常生产生活服务。据统计，元素周期表中三分之二含放射性同位素的化学元素，已被人类广泛应用于工业，农业，环境，医学等领域（见表 5-1），核技术就在我们身边，随时随地保障着我们的安全，为我们的生活提供各种便利。

表 5-1　化学元素周期表中已被广泛利用的放射性同位素

应用领域	化学元素
医药	氢，碳，氮，氧，氟，磷，硫，钪，铬，铁，钴，铜，镓，铷，锶，钇，钼，锝，钯，铟，锡，碘，氙，铯，钡，铼，锇，铱，铂，金，铊，铋，砹，镭，钐，铕，钆，钬，铒，镥，钍，锎
环境	氢，铍，碳，铝，硫，氯，氩，钪，铬，镍，铜，锌，溴，锝，银，碘，铯，镧，铱，金，铅，镭，钷，钍，铀
工业	氢，碳，铁，钴，镍，硒，氩，锶，镉，锑，铯，镧，钽，铱，金，汞，铊，铅，钷，铽，铥，钚，镅，锎
其他	氢，铍，碳，铝，磷，氩，钾，镍，氩，锶，铯，钡，钋，铀，钚，镅，锎

1.1　核科学技术的功能

核科学技术之所以能在各行各业得到广泛应用，在很大程度上要依赖于其自身所具有的强大功能，即信息获取功能、物质改性或材料加工功能，以及能量释放功能。

（1）信息获取功能

在核技术中，利用同位素的核特性（放射性衰变与质量差异）以及利用电离辐射的物理、化学及生物效应，可以感知物质的存在与状态，并追踪其运动行为，以获取物质的相关信息。目前核技术作为一种灵敏的信息探测手段，是其他传感方法所无法取代的，因而在信息获取技术中占有非常重要的地位。

（2）物质改性或材料加工功能

核技术作为一种新型的物质改造和材料加工手段，是通过电离辐射与物质相互作用产生的物理、化学及生物效应来实现的；普通物质或材料在电离辐射的有效作用下由于其结构或成分改变，有可能创造出自然界中原本不存在的全新物质或性能特异的新型材料。

（3）能量释放功能

能量释放主要体现为重元素在中子轰击下经核裂变所产生的能量。这种核裂变能释放除用作核武器外，目前在民用工程中还广泛用于核电站的发电和核供热。另一种是轻元素的聚变能。此外，放射性同位素衰变发射的各种电离辐射本身还是一种能量效能很高，而且能量密度相当集中的特殊能量形式，这种衰变能可在发光的微光源，同位素电池或热源以及辐射加工过程中等作为高效加工能源使用。

1.2 核科学技术的发展

继铀盐的放射性被发现以后，法国科学家居里夫妇又相继发现和提炼出钋和镭。镭的发现，引起科学和哲学的巨大变革，为人类探索原子世界的奥秘打开了大门，为核技术的诞生奠定了重要的科学基础，并推动了核技术应用的迅速发展，其发展过程大致可以划分为三个阶段。

第一阶段从 1896 年至 1942 年，为核基础研究阶段。在这一阶段，经过世界各国许许多多科学工作者的努力，取得了一系列基础研究的重大发展和突破。例如，天然放射性的发现、原子核结构模型的建立、同位素概念的提出、人工放射性的发现等。这一阶段的研究成果为以后核技术的发展奠定了坚实的理论基础。

第二阶段从 1942 年至 1945 年，为军事应用阶段。为了战争的需要，美国集中了全世界优秀的科学家和巨额财力，历时 4 年，研制成功并爆炸了世界第一颗原子弹。

第三阶段从 1945 年至今，为军事应用与和平应用并举阶段。

我国核技术应用起步较晚，大体经历了 20 世纪 50 年代的开创，60—70 年代的应用开发和 80 年代以来的全面发展三个历史阶段。

第二节 医学需要核技术

核科学技术为人类的进步、社会的发展和人民的健康作出了巨大的贡献，放射医学和核医学就是核科学技术造福人类的最好例证。

核技术中的辐射技术与医学相结合形成放射医学，它不但可以用于疾病诊断，还能有效的对疾病进行治疗。例如，伦琴发现 X 射线以后，X 射线透视技术迅速普及，成为必不可少的疾病诊断手段；而在照相技术发展的基础上，X 射线摄影（或 X 射线照相）技术又得到迅速发展，并有效地应用于各种疾病的诊断；随着计算机技术的发展，进一步开创了 X 射线断层成像技术、核磁共振成像技术等三维立体成像诊断技术的新纪元。在放射治疗方面，经过几十年的发展，放射治疗已相当成熟，现已成为人类战胜癌症和脑部疾病的重要治疗方法，为改善人类的生存质量发挥了重要作用。

核技术中的同位素技术与医学相结合形成核医学。同位素技术可以帮助人们了解其他方法难以了解或不可能了解到的有关生物体中活性物质的代谢情况以致生命活动的信息。放射免疫分析和活化分析为疾病诊断和研究提供了灵敏有效的微量分析方法。核素显像是心血管疾病，神经系统疾病和肿瘤人类三大杀手的重要诊断手段，也是基础医学研究的重要工具。同位素治疗以其简单易行，没有痛苦，治疗显著，而受到病人和医生的欢迎。

2.1　诊断型核技术

（1）医生口中的 X 光片——X 射线摄影技术

身体不舒服去医院做检查时，医生会告诉你，先去做个 X 光片，看看具体受检部位的情况再做判断，这里的 X 光片到底是什么呢？

X 射线在穿过物质的时候，物质在一定程度上是会吸收 X 射线的，而且不同的物质，吸收 X 射线的本领也是有差异的。人体的各个组织器官是由不同物质所组成的，其密度、厚度以及构成物质的原子序数也不同；在这种情况下，若是被相同 X 射线照射，不同组织器官吸收的 X 射线也是有差异的，相应地最终穿出去的 X 射线的能量和强度也是不同的，这些能量强度不一的射线打在感光胶片上之后，会形成亮暗不同的图像，将受检部位以二维图像的形式显像于胶片上（见图 5-1）；医生根据胶片上的图像来判断受检部位是否有病变，这就是 X 射线摄影技术或 X 射线照相技术，也是医生口中常说的 X 光片。就好像测体温量血压一样，非常广泛的用于内科外科口腔科骨科等的常规检查，X 光片可以显示出病变细微的结构，可作长期保留以便比较和以后的诊断。

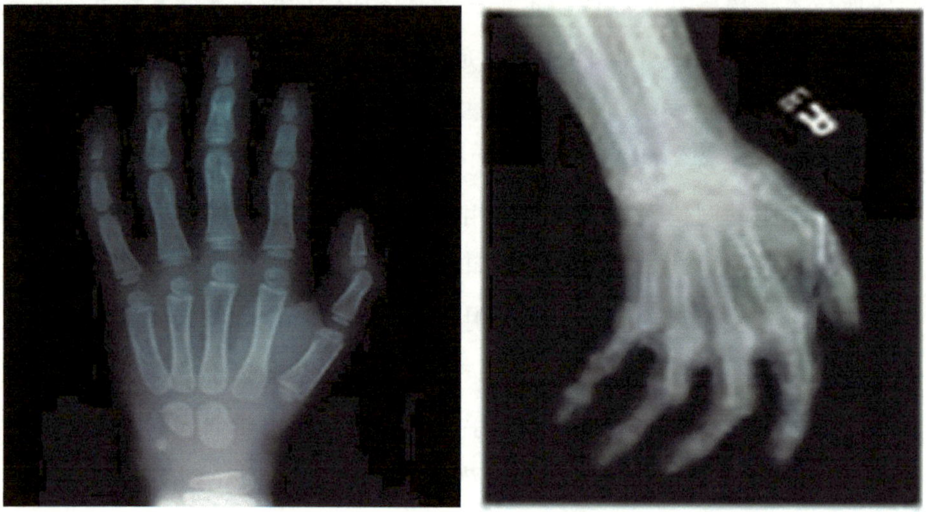

正常　　关节炎

图 5-1　X 射线诊断手部疾病的图像

（2）医生口中的 CT 扫描——X 射线计算机断层成像技术（X-CT）

如果做了 X 光片检查后，发现受检部位确实有病变，但是不确定病变的具体位置及尺寸，这个时候医生会告知你，去做一个详细的 CT 扫描。这里的 CT 扫描又是什么？为什么 X 光片检查无法完成的事情 CT 扫描就可以呢？

人体的各个组织器官都是三维立体的，如果用 X 光片检测，最终是将三维立体组织“压扁”了以二维平面图像的形式显示出来，深浅组织间的影像将会发生相互重叠和隐藏的现象；在这种情况下，虽然能在平面图上看到有病变，但却无法确定这些病变在三维立体结构的哪个部位。CT 的诞生，则解决了这个问题。X-CT 不同于 X 射线诊断仪在胶片上投影重叠成像，而是用 X 射线对受检部位的各个断层（或称薄层）进行扫描（见图 5-2），然后经计算机进行数字化图像处理后得到对比度很高的清晰图像。

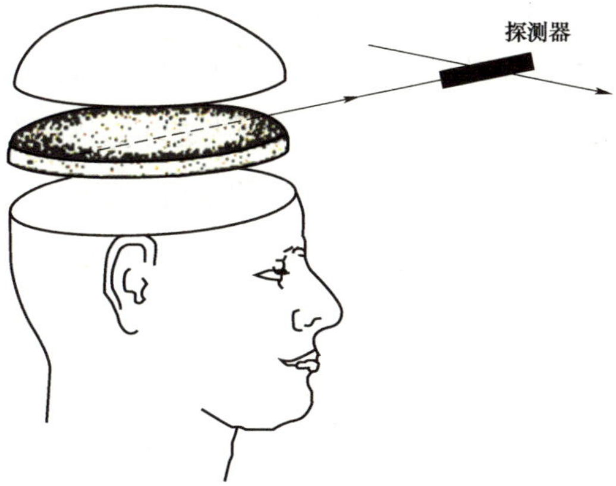

图 5-2 CT 将每个断层隔离出来进行扫描

在 CT 成像中，物体对 X 线的吸收起主要作用，在一均匀物体中，X 线的衰减服从式（7.1）的指数规律，

$$I(d)=I_0 e^{-\mu d} \tag{5.1}$$

I_0——$d=0$ 处的 X 射线强度；

$I(d)$——厚度 d 处的 X 射线强度；

d——X 射线穿过物质的厚度；

μ——线性吸收系数，与靶物质及入射射线能量有关的定值。

在 X 线穿透人体器官或组织时，由于人体器官或组织是由多种物质成分和不同的密度构成的，所以各点对 X 线的吸收系数是不同的。CT 装置从不同方向进行多次扫描，获得足够的数据可以建立求解吸收系数的线性方程。

实际应用中，以水的衰减系数为基准，CT 值定义为将人体受检组织的吸收系数 μ_i 与水的吸收系数 μ_w 的相对值，用公式表示为：

$$\text{CT 值}=\frac{\mu_{\text{组织}}-\mu_{\text{水}}}{\mu_{\text{水}}} \tag{5.2}$$

通过计算机对获取的投影值进行一定的算法处理，可求解出各点的吸收系数值，获得吸收系数值的二维分布。再按 CT 值的定义，把各点的吸收系数值转换为对应的 CT 值，得到 CT 值的二维分布。然后，图像面上各点的 CT 值转换为灰度，就得到图像面上的灰度分布，此灰度分布就是 CT 影像。将受检部位的每一个断面都按如上方法进行扫描和图形重建，最终将得到受检部位的三维立体图像。CT 图像的本质是吸收系数 μ 成像。

就像是有一块大的面包，仅从外表看，看不出里边有什么内容，但是如果将面包切成一片片，这样不仅知道外表有什么，也很清楚地知道其内部每一位置都有什么。X-CT 就是利用 X 射线对受检部位的每一断层进行扫描，再经计算机处理而获得受检部位的三维立体图像，X-CT 仪器如图 5-3 所示。

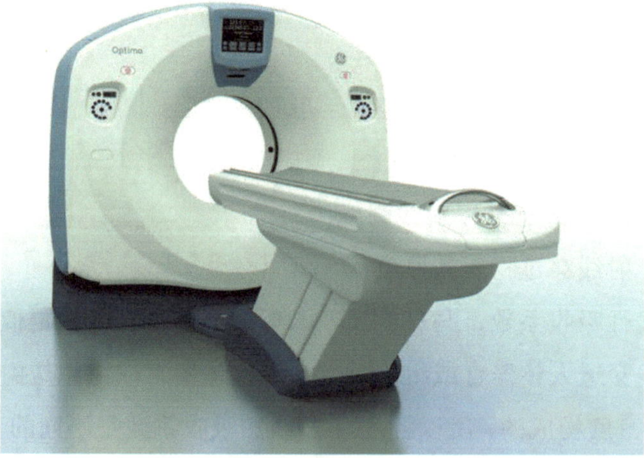

图 5-3　X-CT 机图片

当然，去医院的时候也有可能听到 PET，SPECT 的名称，他们与 X-CT 相似，只不过后者的射线产生装置在人体外，而前者的射线源则以开放性药物的形式引入到人体内部受检部位。

（3）医生口中的 MRI 扫描——核磁共振成像技术

X-CT 需要借助外来 X 射线扫描受检部位，才能得到相关部位的三维立体图像；其实，在核科学领域，还有一种核技术，它不需要借助辐射源，不需要发生电离辐射，就能够对受检部位做三维立体的全方位扫描，这就是医生口中的核磁共振成像技术。

人体的各组织器官是由许许多多微观粒子组成的，而微观粒子中的原子核就像是一个具有磁性的陀螺，在外磁场中会发生自旋进动；如果将其放置在稳定的外磁场中，这些核子将在外磁场的作用下整齐排列。在此基础上，如果再通过无线电波添加一个交变磁场，那么会发现这些原子核会随着无线电波按节奏“跳舞”，发生能态跃迁，当交变磁场撤销，原子核返回原来的能态时，会把所吸收的能量以电磁波的形式重新释放出来，这种现象被称为核磁共振。原子核从被交变磁场激发到返回初态，并释放电子波的过程称作驰豫，此过程所经历的时间称作驰豫时间。

经研究发现，氢核（即质子）具有显著的核磁共振现象，而人体中有大量氢原子的水，脂肪、软组织等是最佳的核磁共振成像物质。而且，不同组织和器官中水和脂肪等有机物不同，同一组织中正常和病变状态下的氢原子的密度分布和束缚状态也不同，因此其释放的电磁波强度和能量也不同；因此，如果将人体置于特殊磁场中，用无线电射频脉冲激发人体内的氢原子核，引起氢原子核共振，并吸收能量。在停止射频脉冲后，氢原子核将按特定频率发出射电信号，将吸收的能量重新释放出来，而这些释放出来的电磁波被放置在人体外的接受器收录，经计算机处理获得三维立体图像，根据图像上显示的氢原子的分布和状态，即可对受检部位进行诊断。

MRI 提供的信息量不但大于医学影像学中的其他许多成像术，而且不同于已有的成像术，因此，它对疾病诊断具有很大的潜在优越性。它可以直接做出横断面、矢状面、冠状面和各种斜面的体层图像；无需注射造影剂；无电离辐射，对机体没有不良影响。MRI 对检测脑内血肿、脑外血肿、脑肿瘤、颅内动脉瘤、动脉和静脉血管畸形、脑缺血、椎管内肿瘤、脊髓空洞症和脊髓积水等颅脑常见疾病非常有效，同时对腰椎椎间盘后突、原发性肝癌等疾病的诊断也很有效。

另外需要特别提示的是，金属物品可干扰磁场的均匀性和射频的稳定性造成假影，影响诊断。因此，MRI 扫描时需要去除所有金属物品，体内植有金属物品的患者也不适合做 MRI 扫描，MRI 扫描仪器如图 5-4 所示。

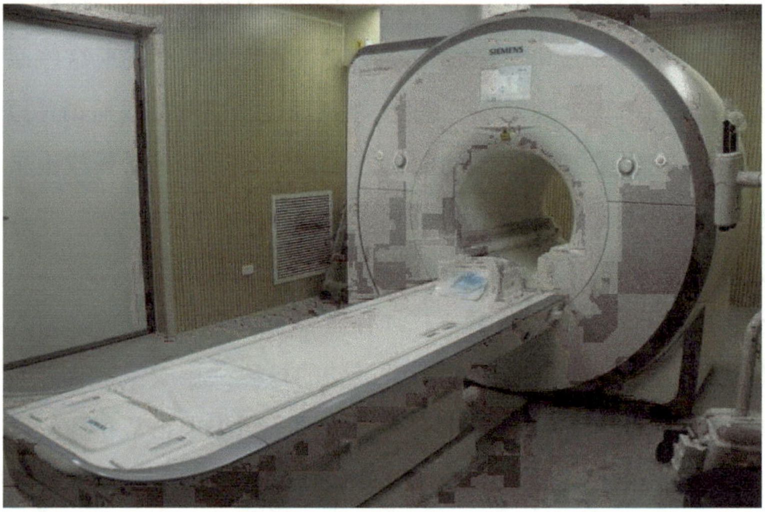

图 5-4　MRI 诊断仪器

（4）放射性药物诊断治疗

放射性药物是指用于临床诊断或治疗的放射性核素制剂或者其标记化合物，主要包括诊断用放射性药物和治疗用放射性药物（包括体外放射性免疫诊断药物）两类。按核素类型分为 γ 核素、β 核素和 α 核素标记药物。随着 SPECT、PET/PET-CT 普及，以 ^{99m}Tc、^{18}F、^{68}Ga 为代表的诊断用放射性药物研发近年来得到了迅速发展；治疗用放射性药物近年来由于其呈现出的良好经济效益和研发潜力也日益得到重视。广泛应用于肿瘤诊疗、心肌显像、神经退行性疾病早期发现和炎症组织成像诊断等，实现生理和病理过程的快速、无损实时成像，是分子影像和精准医学的重要基石，为真正意义上的早期诊断、及时治疗提供新的手段和途径。

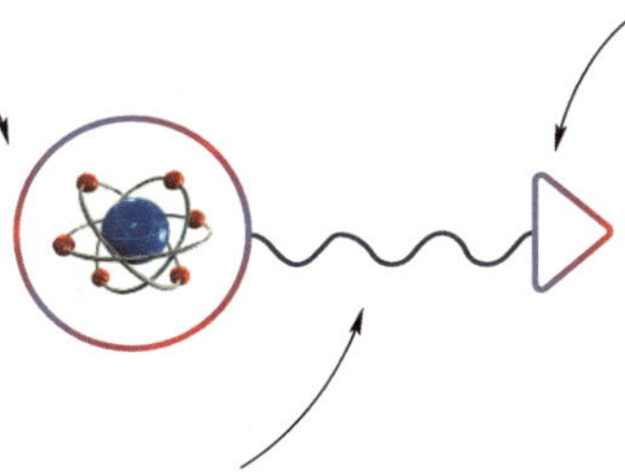

图 5-5　放射性药物靶向治疗

用放射性药物为化学探针，以活体内各类生物大分子如基因、激素、抗体、受体为靶目标，进行生物分子功能显像，将在疾病的定义、诊断、治疗和预后的评估等方面产生革命性的变化。目前，利用放射性药物进行疾病诊断和治疗的核医学也面临着革命性转变：从器官/组织的功能显像发展到对细胞和分子水平上的变化进行探测。核素显像装置与其他显像方法的融合（如 PET/CT，SPECT/CT 等）大幅提高了诊断的精确性，为疾病的个性化治疗奠定了基础。

2.2　治疗型核技术

核技术不仅能用于疾病诊断，还广泛应用于疾病的治疗，比如放疗；电离辐射是具有波或粒子形式的能量流，它能导致物质电离，损伤细胞分子，破坏细胞的功能。射线可通过直接效应和间接效应杀伤细胞。直接效应是指射线直接作用于细胞的遗传物质 DNA 分子上，使它们发生电离，分子断裂，使得细胞不能再增殖、浸润和转移，并最终导致死亡。间接效应是指通过射线照射引起水分子电离和分解，产生大量活泼的离子和自由基，它们再与细胞的 DNA 分子发生作用，导致细胞无法再分裂或增生，并最终死亡。在放疗中更多的是间接效应。

（1）浅表治疗——敷贴器

对于眼部和皮肤等各种浅表疾病，如皮肤癌，血管瘤等，可以使用 β 放射性核素，如 ^{32}P、^{90}Sr 或 ^{90}Y，将其均匀地吸附于滤纸或银箔上，按病变形状和大小制成专用的敷贴器，把敷贴器紧贴于病变的表面，对浅表病变进行外照射治疗。某些病变对 β 射线较敏感，经电离辐射作用，微血管发生萎缩、闭塞等退行性改变，某些病症经照射后引起局部血管渗透性改变、白细胞增加和吞噬作用增强而获得治愈；增生性病变经辐照后细胞分裂速度变慢，使病变得以控制，从而可达到治疗目的的一种治疗方法。β 射线治疗主要适用于单纯性皮肤血管瘤、海绵状皮肤血管瘤、瘢痕疙瘩、顽固性湿疹、局限性神经性皮炎等疾病的治疗，大多能取得满意疗效。

放射性核素敷贴治疗，是核医学应用最早、最普遍、也是最成熟的治疗方法之一。敷贴治疗应用于临床已有 40 多年的历史。由于这种疗法对某些疾病治疗效果好，只对病变组织发生作用，不对正常组织造成损害，无手术痛苦，操作简便，治疗方便，效果明显，容易被患者接受，特别是婴幼儿患者所接受，临床应用十分广泛。

（2）腔内照射——后装治疗仪

疾病在浅表时可以用敷贴法进行治疗，但是如果疾病是在体内，比如鼻咽、食道、膀胱等。与此同时，为了减少对人体正常组织的影响，还希望进行近距离照射治疗。这种情况下，后装治疗仪亦即后装机的出现恰好解决了这些问题，它不但可以用于体内照射，而且还是近距离照射。

后装机即近距离放射治疗机，是新一代肿瘤治疗设备，可进行后装放射治疗。后装放射治疗是指先把不带放射源的治疗容器置于治疗部位，再由电脑遥控步进电机将放射源送入容器进行放射治疗，如此可避免放置治疗容器过程中医务人员因放射受伤。可以将放射源准确、安全地输送到患者需要治疗的部位进行放射治疗。

在近距离治疗中，平方反比定律是影响放射源剂量分布的主要因素，根据平方反比定律，近放射源处的剂量随距离变化要比远源处大得多。利用这一特征，肿瘤组织可以得到有效的杀伤剂量，而邻近的正常组织可得到保护。由于放置位置准确、距病体组织近等优点，在治疗妇科、鼻咽、食道、支气管、直肠、膀胱、乳腺、胰腺等肿瘤中，取得了明显的临床治疗效果。

（3）立体定向治疗——γ 刀

医学上，要想切除病变组织，首先想到的是常用手术刀；实际上，核技术与医学有效结合之后，除了有形的手术刀可以切除病变组织外，无形的 γ 刀也同样可以达到切除病变组织、有效维护健康的目的。

γ刀并非通常意义上有利刃、有把柄、能切割的金属刀。称其为“刀”是因为它能像手术刀那样切除肿瘤，冠以“γ”是因为原动力来自γ射线，所以也是一种放射治疗。γ刀是将辐射源发出的 γ 射线，经准直后，治疗人体深部肿瘤的装置。这种治疗机可将多束经准直后变成细束的 γ 射线从四面八方交叉照射肿瘤细胞，多个放射源静止聚焦照射到一点上，使其他区域的剂量很小但聚焦的剂量很大，从而到达治疗的目的。新一代γ刀配合 CT、MRI 及计算机，使治疗过程自动化和程序化。可用于所有的脑瘤、恶性肿瘤，功能性脑神经疾病等疾病的治疗，γ 刀实物图如图 5-6 所示。

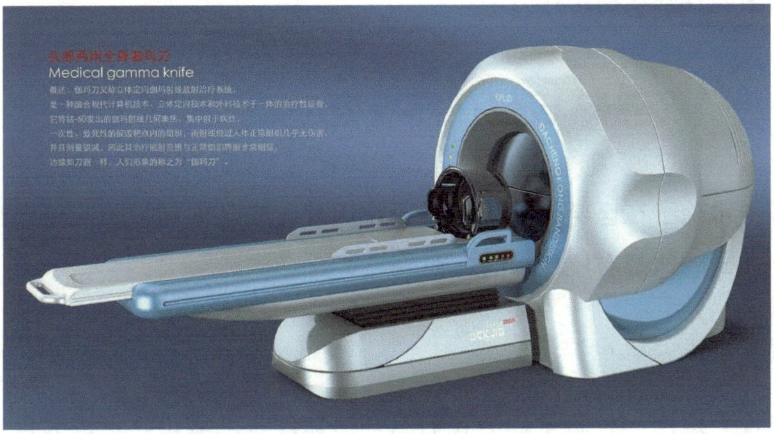

图 5-6　γ 刀

当然，除了以 γ 射线作为辐射源的立体定向治疗装置 γ 刀外，还有其他一些类似的立体定向治疗装置，如 X 刀，中子刀，质子刀等，也都是有效的疾病治疗装置。

（4）硼中子俘获治疗机

有时候，除了常规的体外照射治疗之外，人们还将放射性核素以开放性药物的方式引入到体内病变部位，进行有效的疾病治疗，比如硼中子俘获治疗（BNCT），就是目前世界最先进的癌症治疗方法之一。

在进行治疗时，先将含有 ^{10}B 元素的 BNCT 药物引入到人体中，这些药物对肿瘤部位的选择性较好，^{10}B 很容易聚集在病变部位，使得每克肿瘤组织达到 30 μg 的 ^{10}B。然后再将加速器产生的中子源经慢化后变为 1 eV～1 keV 范围内的超热中子，照射到病变组织，与 ^{10}B 发生俘获反应。产生的 $^{4}\alpha$ 粒子和 ^{7}Li 核都属于电离本领很强但穿透本领很弱的离子，射程都很短，约为 5～8 μm。它们通过电离效应能有效杀死癌细胞，而由于穿透本领弱对周围正常细胞损伤很小。

中子的穿透好，容易实现深部癌症治疗；而且 BNCT 用的是低能中子，与快中子治疗相比，对人体正常细胞的伤害要小得多；同时也有效利用了发挥治疗作用的 α 粒子和 ^{7}Li 重离子具有局域性好的特点，因此，BNCT 是一种有效及深部疾病治疗方法。

第三节　核就在你身边（其他核技术）

核技术除了在医学领域发挥重要作用外，在其他领域的应用也越来越广泛，随时随地都有核技术的存在。

3.1　放射性负氧离子发生器

有没有这样一种感觉，当我们离开喧嚣浮华的城市，走进大自然，近距离的接触感受大自然的时候，都会觉得空气清新，神清气爽，心情舒畅。

其实，我们之所以会觉得特别舒服，一个重要的原因是这些地方的空气中含有更多的负氧离子。已经证明，空气中含有一定浓度的负氧离子时对人体和各种生物都是有益的，它对神经系统、呼吸系统、消化系统的疾病和皮肤烧伤病人防止感染及恢复健康具有一定的疗效。

可是由于城市污染严重，负氧离子浓度大大降低，一般情况城市街道上负氧离子浓度每立方厘米只有几十个，而森林和海滨区域每立方厘米达几百到几千个。生活在城市中的人们为了补充空气中负氧离子的不足，往往通过放射性负氧离子发生器来实现。选用 100～200 kBq 的 ^{241}Amα 源做电离源，就可以产生足够浓度的负氧离子，且这种低浓度的放射源没有辐射危害。

放射性负氧离子发生器工作时，先从通风口将室内空气送入装置内，经过滤网初步过滤之后，通过排风机将空气送入电离室内部；由于电离室内部放有 α 放射性的 ^{241}Am 辐射源，其电离本领很强，能使空气中的原子、分子发生电离，产生电子和正离子，而氧是很强的负电性气体，遇到电子时容易与电子结合形成负氧离子，而剩下的正离子则由电离室中安装的负电极板中和掉，随后将含有负氧离子的空气经排风道排出到室内，经过这样的循环，使得室内空气中含有足够的负氧离子。其实物图如图 5-7 所示。

空调专用

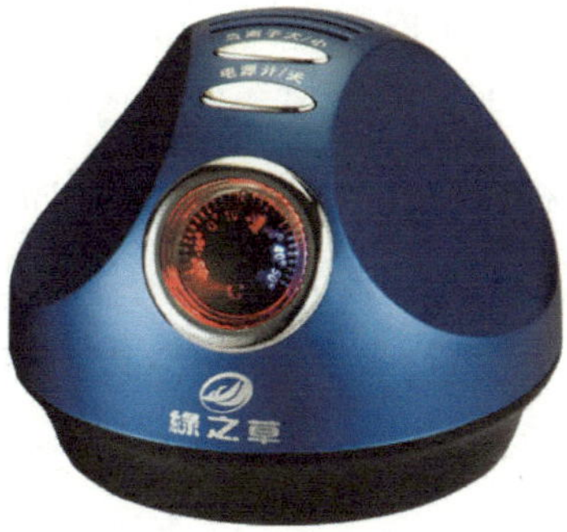

车宅两用

图 5-7　负氧离子发生器实物图

3.2 核辐射火灾报警器

在宾馆，商场，学校等公共场所，抬头看天花板时，经常都能看到一些白色或红色开缝的小盒子，这些小小的物件，却能够带来很大的安全预警信息。这就是核辐射火灾报警器（见图 5-8）。

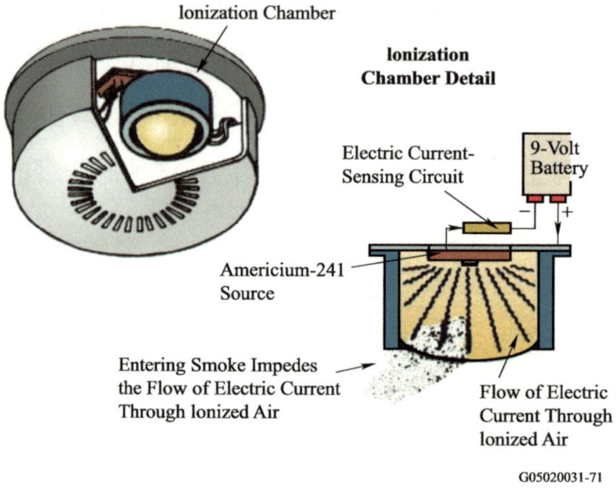

图 5-8 核辐射烟雾报警器示意图

核辐射火灾报警器内部其实就是一个电离室，内部放有 ^{241}Am 辐射源，在其衰变时，会释放出电离本领很强但穿透能力很弱的 α 射线，只在周围几厘米的范围内起作用。α 射线在电离室中运动时，使内部的空气分子原子电离，产生正负离子，这些离子在电场作用下分别向正负电极运动，在运动的过程中在外回路产生感应电流。在正常的情况下，电离室输出的电流和电压都是稳定的，但是，当有火灾发生烟雾出现时，这些烟雾会通过缝隙进入电离室，影响电离室内部正负离子的正常运动，使其输出电流或电压发生变化，火灾报警器因此变化而发出警报。

3.3 静电消除器

冬天常常会遇到这样的情况，用橡胶梳子梳头发时，会出现“群发乱舞”的现象；和同伴一起出去，如果穿的是化纤类衣物，两人也可能被彼此“电到”，所有这些状况都是我们生活中遇到的静电现象。事实上，不但日常生活中，在工业生产和科学实践活动中，也常常出现静电干扰现象。消除静电有很多方法，而核辐射静电中和器（见图 5-9）是一种特别有效的方法。

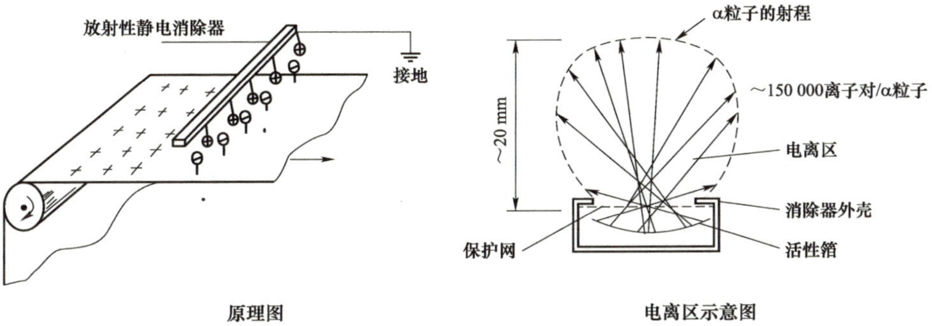

图 5-9　静电消除器工作原理及电离区示意图

正常工作时，^{241}Am 源产生的 α 射线与空气分子作用，产生正负离子对，在一定的空间范围内形成高密度离子云。带静电荷的物体靠近中和器时，离子对中带相反电荷的离子向带电体迁移，与之中和，而剩余离子则由中和器接地被泄漏。由于 α 射线电离本领很强，穿透力很弱，只在其周围几厘米的范围内起作用，不会使其他物体产生辐照损伤。

3.4　长明灯

夜间乘飞机或逛商场时，有没有注意到飞机场跑道的夜间指示及商场的“安全出口”标识？它们总会散发着柔和的绿光，在黑暗的夜间给人们以安全，便利的提示，这也是核技术广泛应用之一，其原理示意图如图 5-10 所示。通常是将具有 β 放射性的含氚物质掺入硫化锌等发光物质中，氚衰变时释放的 β 射线将照射在发光物质上，发光物质的原子在吸收 β 射线的能量后受到激发，跃迁到激发态。在退激过程中，多余的能量以处于可见光波段的光子形式释放出来，从而达到照明的目的。

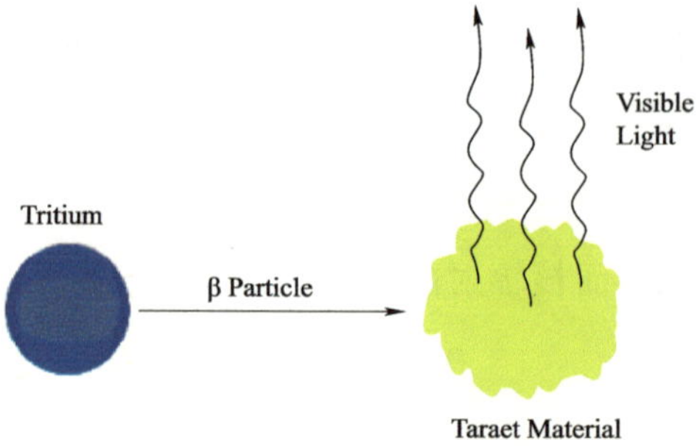

图 5-10　原子灯原理图

3.5　核安检

外出时，总会遇到乘坐飞机，火车，地铁等交通工具的情况，而在这些场合中，必不可少的一项程序就是安检，这也是广泛存在于我们日常生活中的核技术应用。

核安检也称为安检 X 光机，与医学中的 X 射线照相诊断原理类似，X 射线穿过检测物品时，不同物品，其物质组成，密度及厚度不同，吸收的 X 射线多少也有差异。相应的，穿出物品到达探测器的 X 射线强弱也不同，探测器通过对穿出的 X 射线强度进行测量，可以获得被检测物件的图像，从而确定里边是否装有违禁物品，其示意图如图 5-11 所示。

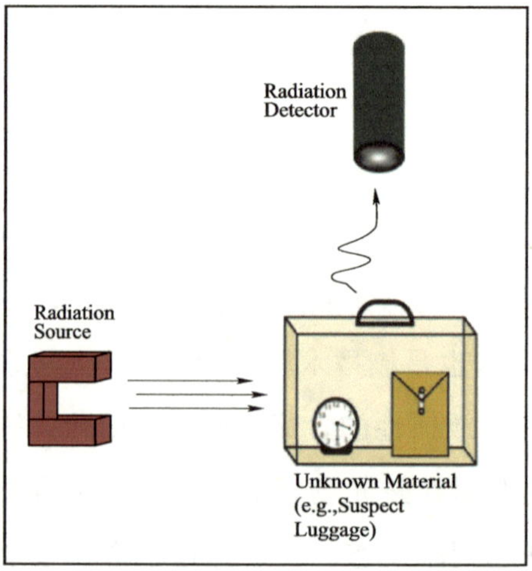

图 5-11　核安检工作原理示意图

3.6　辐照加工

辐照加工是采用电离辐射对物品进行加工处理的一种工艺，它能使物品的品质或性能得以改善或合成新的产品，在工农业生产等领域中有非常广泛的应用。

辐照加工广泛应用于工业领域的辐照交联与降解，例如利用高能电子束辐照聚烯烃材料，使其线状大分子结构变成网状大分子结构，导致其物理机械等性能发生一系列重大变化。通过这种方式生产的电线电缆，热收缩材料，泡沫塑料等材料的耐热性，扩张强度，耐裂性等各项性能大大改善。

辐照加工还用于农业上的辐照育种，辐照杀虫；食品辐照保鲜（标明辐照食品的国际符号如图 5-12 所示）；医药、日用品及化妆品等的杀菌消毒。

图 5-12　标明辐照食品的国际符号

3.7　身边的核电池

“核电池”也被叫做“放射性同位素温差发电器”或“原子能电池”。在外形上，核电池虽有多种形状，但最外部分都由合金制成，起保护电池和散热的作用；次外层是辐射屏蔽层，防止辐射线泄漏出来；第三层就是换能器了，在这里热能被转换成电能；最后是电池的心脏部分，放射性同位素原子在这里不断地发生衰变并放出热量。放射性同位素（锶-90、钚-238、钋-210等）在衰变过程中会不断以具有热能的射线形式向外放出比一般物质大得多的能量，衰变时放出的能量大小、速度，不受外界环境中的温度、化学反应、压力、电磁场的影响。因此，核电池以抗干扰性强和工作准确可靠而著称。另外衰变时间很长，这决定了核电池可长期使用。将它制成圆柱形电池。燃料放在电池中心，周围用热电元件包覆，放射性同位素发射高

能量 α 射线，在热电元件中将热量转化成电流。

在医学上，核电池已用于心脏起搏器和人工心脏。它们的能源要求精细可靠，以便能放入患者胸腔内长期使用。植入人体内的微型核电池以钽铂合金作外壳，内装 150 毫克钚-238，整个电池只有 160 克重，体积仅 18 立方毫米。它可以连续使用 10 年以上。

在幽蓝的大海深处，也有核电池的用武之地。在深海里，太阳能电池根本派不上用场，燃料电池和其他化学电池的使用寿命又太短，所以只得派核电池去了。例如，现在已用它作海底潜艇导航信标，能保证航标每隔几秒钟闪光一次，几十年内可以不换电池。人们还将核电池用作水下监听器的电源，用来监听敌方潜水艇的活动。还有的将核电池用作海底电缆的中继站电源，它既能耐五六千米深海的高压，安全可靠地工作，又少花费成本，令人十分称心。

在浩瀚的宇宙空间，核电池仍有无法替代的位置。例如，1961 年美国发射的第一颗人造卫星“探险者”1 号，上面的无线电发报机就是由核电池供电的。1969 年 7 月 21 日，人类第一次成功登上月球，使用“阿波罗”11 号飞船，其夜间的取暖装置也是通过核电池提供的。1976 年，美国的“海盗”1 号、“海盗”2 号两艘宇宙飞船先后在火星着陆，在短短 5 个月中得到的火星情况，比以往人类历史上所积累的全部情况还要多，它们的工作电源也是核电池。因为火星表面温度的昼夜差超过 100 ℃，如此巨大的温差，一般化学电池是无法工作的。

经过多年发展，核技术为推动国民经济建设做出了重要贡献，并极大地推动了相关领域科学技术的进步。据报道，在发达国家同位素辐射技术取得的经济效益约占国民经济总收入的 2%～5%，投入与产出比高达 1∶5 至 1∶10。核技术作为一个朝阳产业，将随着世界经济的快速增长和科技日新月异的发展而得到更加广泛应用，而核技术也将更加多姿多彩。

第四节　核技术应用——粒子加速器

1937 年世界第一台加速器出现，1940 年世界第二台加速器诞生，1948 年电子感应加速器用于放疗，1953 年英国生产出第一台电子直线加速器。到 20 世纪末全世界安装的加速器总量超过 3 000 台。我国在 1978 年安装了第一台医用电子直线加速器，截至 2023 年，我国加速器总量超过 2 000 台。低能加速器在我国已广泛应用于放射治疗、医药用品消毒、食品保鲜、同位素生产、核分析、无损探伤、材料改性、三废处理、农业育种等。中高能加速器，如正负电子对撞机、同步辐射装置等的研发和应用也有了巨大突破，部分已经进入运行状态。

医用加速器是通过电场加速粒子，获得能量，轰击高原子序数靶，产生韧致辐射光子。核心是加速系统，包括加速管、功率源、传输系统、高压脉冲调制系统、注入系统、束流偏转系统；还包括引出窗、靶、准直器、均整器、散射箔、光栅、电离室、附件架、限光筒、光野灯和反射镜、光距灯和屏蔽块。粒子加速器种类繁多，按加速粒子种类分为电子、轻离子、重离子以及微粒子团加速器；按能量分为低能、中能、高能和超高能加速器；按粒子轨道和电场形态分为直线共振型、直流高压型和回旋共振型加速器。

电子加速器加速粒子是正负电子；轻离子加速器加速粒子包括 α 粒子、氘、质子、H 离子等；重离子加速器加速粒子为原子序数超过 2 的各种原子或离子；微粒子团加速器加速粒子为带电微粒子。直线共振型加速器利用高频电场直线加速电子或离子运动，其粒子束流强度高，能量高，功耗高。直流高压型加速器利用高压电场加速带电粒子，可以加速绝大多数带电粒子，其加速平滑，能量不高，易控。回旋共振加速器利用高频电场以圆弧轨道加速电子、质子及离子。

2022 年 8 月，东华理工大学开工建设“东华加速器中子源”（ECANS）

项目。该项目是江西省首台电子加速器科学装置，力求为我国核能开发、核技术应用、地质找矿、材料改性、生物医药、深空探测等领域的科技创新提供一个性能先进、功能强大，并服务于成果转移转化的多用途科学装置，并努力将其建设成为国家级大科学装置。中国工程院院士夏佳文表示，按照规划，该科学装置建成后，主要性能指标达到国内同类装置领先水平。

参考文献

[1] 周四春. 核技术应用简明教程 [M]. 成都理工大学，

[2]《核能与核技术概论》，魏义祥主编，哈尔滨：哈尔滨工程大学出版社.

[3] https://zhidao.baidu.com/question/1799654157519843707.html

[4] http://muzhi.baidu.com/question/545826247.html

[5] https://baike.baidu.com/item/97/17570775fr=aladdin

[6] https://wenku.baidu.com/view/d478a14414791711cc7917b9.html

[7]《核技术服务你我他》，李宗明等主编，北京：科学出版社。

[8]《核技术应用》. 罗顺忠主编，哈尔滨：哈尔滨工程大学出版社。

[9]《核辐射式检测仪表》，欧绪贵主编，北京：机械工业出版社。

[10]《核分析技术》，赵国庆等，北京：原子能出版社。

[11]《核工程技术概论》，清华大学等合编，北京：原子能出版社。

[12]《放射性测量》，贾文懿等，北京：地质出版社。

[13] http://blog.sina.com.cn/s/blog_553a80560101aeat.html

[14] https://baike.baidu.com/item/6/17571181？fr=aladdin

[15] https://image.baidu.com/search/detail？ct=503316480&z=0&ipn=d&word=x-ct

[16] https://image.baidu.com/search/detail？ct=503316480&z=0&ipn=d&word=γ

[17] 李建国，秦秀军，胡波等. 放射性药物的研究现状与前景展望[J]. 中国药物警戒，2019，16（01）：27-31.

第六章　核辐射与核安全

第一节　从切尔诺贝利到福岛——不能忘却的镜鉴

1.1　切尔诺贝利核事故

（1）切尔诺贝利核事故发生的经过

切尔诺贝利核电站始建于1970年，是乌克兰境内的第一座核电站，共有4座装机容量1 000兆瓦的核反应堆，分别在1977年、1978年、1983年和1984年并网发电。1986年发生爆炸的是1984年才投产的新机组。本来计划于1986年4月25日停堆检修，停堆之前做一些电气实验。实验的目的是，探索在发生断电发电机失去蒸汽供应的情况下，利用转子动能发电维持机组自身用电的可能性。实验于4月26日凌晨1时开始，在实验过程中，由于工作人员违反操作规程（特别是关闭了反应堆应急安全系统）和反应堆设计中的固有缺陷（如在一定条件下会出现高的正反应性），使得进入反应堆堆芯的冷却水温度和流量发生急剧变化，导致多数连接锆燃料孔道和冷却水进口钢管的接头损坏，一回路高压冷却水大量泄漏，并立即变成蒸汽，发生蒸汽爆炸。爆炸产生的冲击波掀掉了反应堆的钢筋混凝土盖，并且引起大火。核燃料起火后，烧掉石墨，并且把重1 900吨、直径为14米的堆芯中的氧化铀熔化了，当堆芯解体时，产生的放射物质从无防护的反应堆建筑物中泄漏出来，酿成人类和平利用核能史上最大的一次灾难。据乌克兰科学家估计，核反应堆爆炸后，昼夜不停地向大气中释放放射性物质，直到5月6日才停止。这段时间总共抛洒出50 Mku放射物质，占核反应堆放射性物质总量的3.5%。在核电站30千克以内地区测量到的辐射剂量已达到极其危险的程度，为每小时150伦琴。

（2）切尔诺贝利核事故发生的原因

在1986年6月3日苏联政治局会议上，调查小组得出的结论是：导致事故发生有两个原因。直接原因是操作人员犯了最严重的错误和不遵守工艺规程。“如果照章操作反应堆，一切都会正常。”主持试验的是区工程师，试验的目的是检查反应堆停止运行期间涡轮发动机组的情况。他们关闭了备用冷却系统，并且只用了8根碳化硼棒（按标准程序应该用15根）控制核裂变速度，反应堆在工作状态下断开应急冷却系统是被禁止的行为。更为深刻的原因是20世纪50年代中期研制反应堆本身有缺点，这种反应堆没有保护系统和剂量测定系统，缺少外罩，如果出事，后果非常严重。切尔诺贝利核事故看起来是偶发事故，实则有其必然性。首先，苏联是第一个和平利用核能的国家，1954年6月27日，苏联建成世界上第一座5 000千瓦发电量的核电站。应该说苏联人在和平利用核能方面是有经验的，但他们一直相信核电站是安全的，对其发生事故的可能性估计不足。其次，苏联对事故的防范不够。核能确实是清洁、高效的能源，但其危险性也是不言而喻的。但是，苏联没有应对核电站事故的预案。领导人也缺少安全意识，注意力主要集中在发电上。因此，在核事故发生后，消防队员按处理一般火灾来处理，即使知道有核泄漏，也找不到必要的防护器具。

1.2 福岛核事故

（1）福岛核事故发生的经过

2011年3月11日，日本的地震和海啸引发一场严重核电事故。福岛第一核电站有6台核电机组，地震发生的时候，1、2、3号机组在发电，反应堆在工作，4、5、6号机组在维修状态。地震发生后，1、2、3号机组的控制棒立即启用，吸收中子，然后反应堆就停堆了。地震后30分钟，海啸淹没了备用的柴油机，使得它没有电源了，冷却系统不能工作，堆芯温度越来越高。福岛第一核电站处的海啸浪高是 14.7 米，而堤坝只能防 5.8 米海浪，因此导致后面一系列的事故发生。

图 6-1 福岛第一核电站核事故之前

图 6-2 福岛第一核电站事故之后

（2）福岛核事故发生的原因

地震和海啸叠加效应是福岛核事故发生的直接诱因，但所有调查报告表明，福岛核事故发生的深层原因与东京电力公司高层管理者只注重自身经济利益、忽视公司所应承担的社会责任有直接关系。东京电力公司的高管寻求用一系列“意想不到的情况”来解释，应被认为是公司和政府一连串“过低估计”导致的结果。

第一、海啸的海浪高度被东京电力公司和日本核安全委员会（JNSC）所低估。虽然一些研究人员对 2008 年 5 月的 15.7 米高海浪进行了科学预警，但东京电力公司和 JNSC 都忽略此警告。因此，仍是根据 2002 年以承受 5.7 米高的海浪来进行设计。2011 年 3 月 11 日，14～15 米高的海浪带来了最有力的破坏和打击，淹没了 10 米深的地下室，洪水有 5 米之深。

第二、日本电力公司和政府机构没有预料到长期“电站停电”的可能性以及交流电全部断电的状况，特别是由大规模自然灾害、地震、洪水引发的情况。但是，一旦出现停电现象，就会导致所有的冷却功能丧失。有关当局预计，在一个核电站停电的情况下，外部电源将在 30 分钟内恢复。正是因为形成了这种没有足够科学依据的预期，当局驳回了为长时间交流电断电的可能性做准备的需要。因此，没有相应的应对指南来处理核电站停电或超出正常预期的严重自然灾害的情况。

第三、地方政府只有一个24小时的疏散计划，并只涉及到10千米的范围。尽管国际原子能机构建议将疏散区扩大到30千米的范围，但日本政府忽视了这一建议。在福岛核事故发生之前，日本政府和电力公司没有认真预测核辐射将扩散到核电站以外区域此类严重事故的可能性。所以，两者都没有认真对待疏散问题，也没有制定10千米范围以外的疏散指导指南。

日本福岛核事故中一个关键性的技术难题是反应堆冷却问题。强震之后，反应堆冷却统发生故障，外部供电停止，应急柴油发电机受海啸影响而无法运转，使得堆芯冷却水位急剧下降，堆芯露出水面。结果就是，因反应堆无法有效降温而导致堆芯熔化，造成放射性物质泄漏。

（3）福岛核事故的沉重思考

“安全第一、质量第一”是核电的生命线，预防事故胜于缓解和处理。日本福岛核事故的警示在于：人们必须反省目前在核安全理念上的缺陷或偏执，那些常被认为不可能的事情其实是可能发生的。福岛核电站安全性设计的重要缺失在于，只关注核电站自身技术系统的安全性，却忽视了极端事件外力的强大冲击之后的系统安全性。海水入侵福岛核电站后，13个备用发电机组竟有12个不能运行，导致数个核反应堆的冷却系统瘫痪，冷却水停供，燃料棒裸露，堆芯过热，最终导致发生爆炸。

第二节　核事故可防可控——法律利器

2.1　制定核安全法律法规的必要性

中国有句老话：“没有规矩不成方圆。”这是人们在生活中归纳出来的一个十分实用的道理，它告诉人们做人做事要懂规矩、守规矩、懂法律、守法律。

核能被视为高效、清洁的能源，从1954年苏联建成世界第一座核电站，如今全世界有 15%的电力依靠核能提供。核能在为世界范围提供能源的同时，核电站事故、放射物质泄漏等灾难性事故时有发生。结合前文对世界范围内核安全事故的分析可知，已发生的核安全事故大多是由于人为因素或培训不系统造成的。因此，建立规范的监督管理制度，形成比较完善的中国核安全法规体系，将有力促进我国核工业水平的提高，保证我国核电建设与核技术利用的顺利发展。

2.2 国家核安全观

我国从核工业发展之始，就十分重视核安全，明确制定了“安全第一”的方针，保护工作人员、公众和环境。1984 年国家核安全局成立，对民用核设施的核安全进行独立监管，建立了核安全监督体系，并确定了政府有关部门和营运单位的职责。

图 6-3 国家安全体系示意图

确保核安全，国家设立独立于核能发展部门的专门机构，生态环境部（国家核安全局），对民用核设施独立行使核安全监督权。法律授权环境保护部（国家核安全局）通过技术审评、技术验证、行政许可、现场监督、执法、环境监测等手段，对许可证件持有者核安全活动实施监督管理，确保其承担安全责任和依法进行与安全有关的活动。

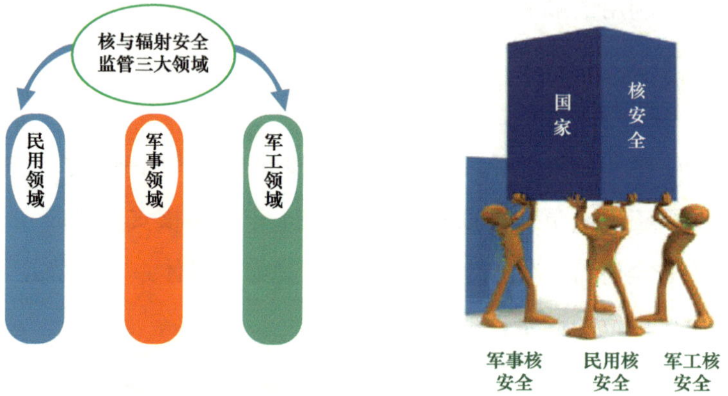

图 6-4　国家核与辐射安全监管机构示意图

为便于中央与地方监管，原国家环保总局根据《总局核与辐射安全监督站组建方案》，在上海、广东、四川、北方、东北、西北和西南七大区域建立了核与辐射安全监督站。核与辐射安全监督站主要负责核电站、研究堆、核燃料循环设施、放射性废物处理和处置设施的日常监督，以及包括恐怖袭击事件在内的核与辐射事故的现场应急响应。

2.3　我国核安全法律法规体系

我国在广泛收集、仔细研究核电先进国家的核安全法律、法规，参照国际原子能机构的核安全基本法则、安全要求及安全导则的基础上，确立了我国的核安全法规体系。

国家法律：由全国人民代表大会和全国人民代表大会常务委员会制定，具有高于行政法规和部门规章的效力。现有的适用于核安全领域的相关国

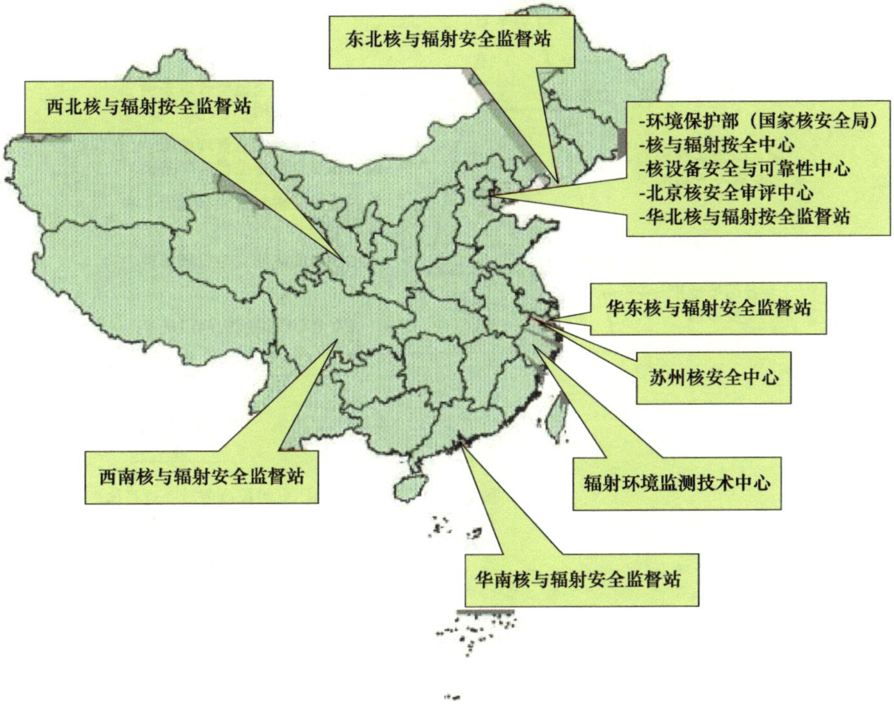

图 6-5　全国辐射监督站分布图

家法律主要有：《中华人民共和国环境保护法》《中华人民共和国放射性污染防治法》《中华人民共和国核安全法》等。

国务院行政法规：国务院常务会批准制定，规定管理范围、管理机构及其职权、监督管理原则及程序等重大问题的规章，具有法律约束力。我国现行的核安全管理条例主要有：《民用核设施安全监督管理条例》《放射性物品运输安全管理条例》《核电厂核事故应急管理条例》《放射性同位素与射线装置安全和防护条例》等。

部门规章：各部委批准发布，核安全部门编制的部门规章。主要包括强制性的实施细则与管理规定、指导性的核安全导则与技术文件等。

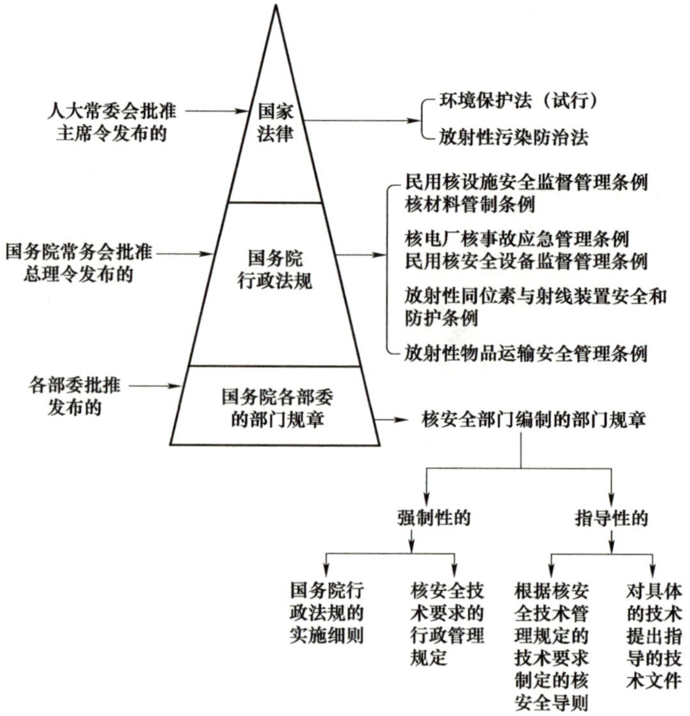

图 6-6　我国核安全法律法规体系示意图

特别需要指出的是，2017 年 9 月 1 日，经第十二届全国人民代表大会常务委员会第二十九次会议表决，《中华人民共和国核安全法》表决通过。该法作为规定安全管理基本制度的顶层法律，有助于维护国家核安全，防止核恐怖主义做出法律保证。

2.4　争做守法好公民

我们要自觉维护法律法规，做一个懂法、守法的好公民。每一个人都应该学习核安全方面的法律法规，不断增强法律意识与自我保护意识，培养好的行为习惯。

（1）自我带头，推广法律。懂法、遵法，并向身边的人宣传法律。

（2）不做违法事。不做不文明、不道德的事，不做任何触犯法律的行为。

（3）敢于同违法行为作斗争。如果发现违犯核安全法的行为，勇敢地站出来与其作斗争，决不明哲保身，听之任之，更不姑息养奸。

第三节　辐射防护的基本措施

3.1　放射性物质对人体的辐照途径

核事故释放进入大气中的放射性物质，可以通过干沉积和湿沉积的方式进入土壤和水体，可以对人体直接产生外照射，也可以通过吸入、摄入、皮肤渗入等途径进入体内对人体产生内照射。

3.2　辐射防护措施

（1）外照射的防护

什么是外照射？

外照射是电离辐射发出的射线从体外对人体产生的照射。

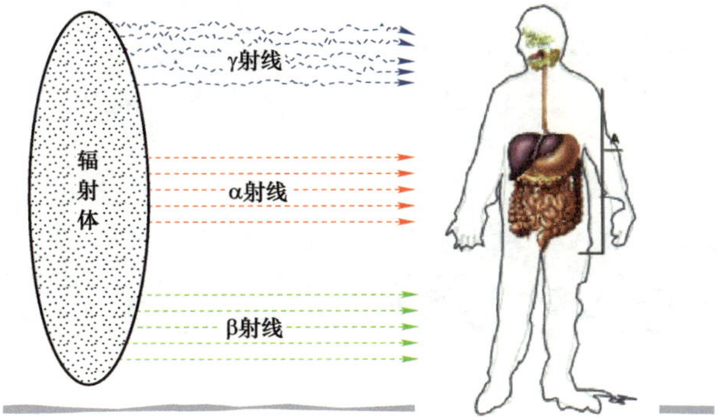

图 6-7　什么是外照射

（2）外照射防护措施

时间防护——缩短照射时间

在剂量率不变的情况下，剂量与时间成正比，所以通过控制接触放射源或受照时间，可以达到减少受照剂量的目的。

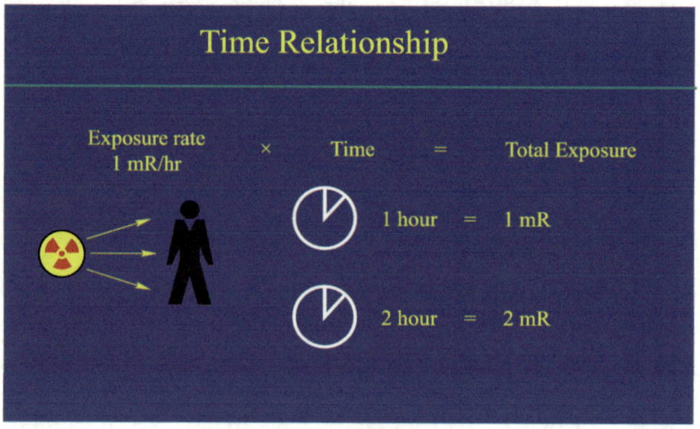

图 6-8　时间防护

距离防护——增大与源的距离

对 γ 点状源，剂量率与距离平方成反比。距离增大 1 倍，剂量率减少到原来的 1/4，故可以通过增大与源之间的距离达到辐射防护的目的。

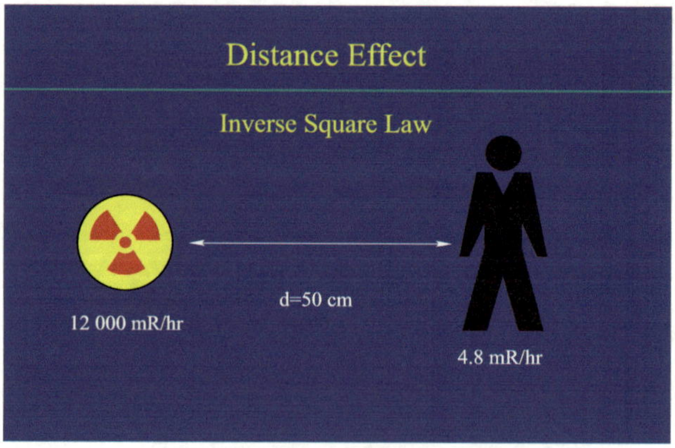

图 6-9　距离防护

屏蔽防护——设置防护屏障

为了达到有效的防护目的，在人体与放射源之间设置屏蔽，使射线逐步衰减和被吸收。进行屏蔽防护时，应根据辐射源的类型、活度和用途做出合理的设计。

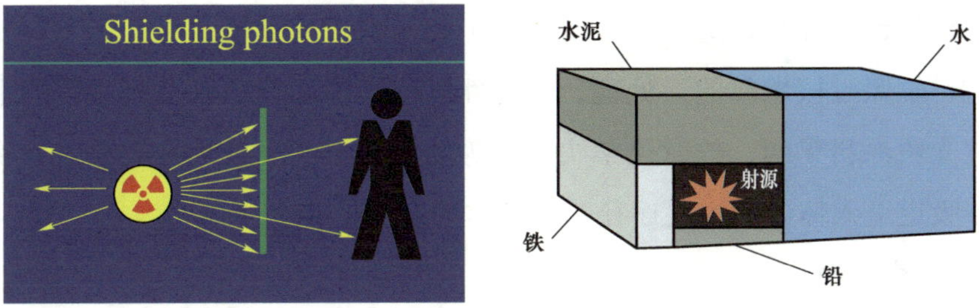

图 6-10　屏蔽防护

（3）内照射防护措施

什么是内照射？

内照射是指进入人体的放射性核素作为辐射源发出的射线从体内对人体产生的照射。

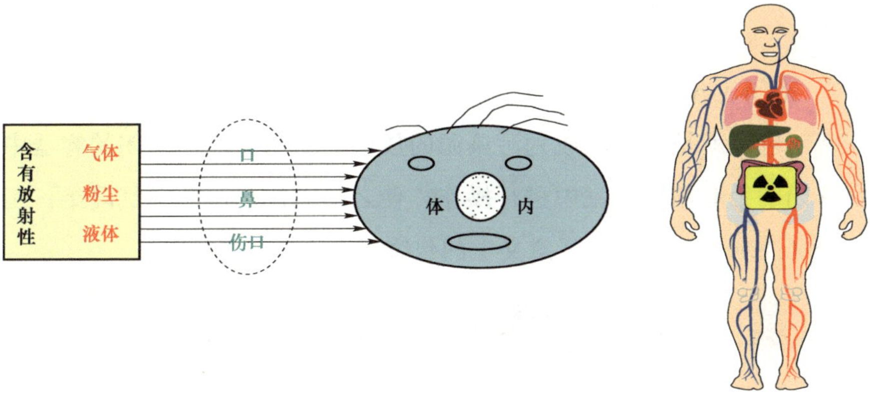

图 6-11　什么是内照射

（2）内照射防护的基本原则

内照射防护的原则是防止放射性核素通过口、呼吸道和皮肤进入人体内，并且尽量减少污染，定期进行污染检查和监测，将放射性核素的年摄入量控制在国家规定的限值以内。

（3）内照射防护措施

防止放射性物质经呼吸道进入体内

放射性粉尘或放射性气体逸入空间，可能造成工作场所空气的严重污染。例如铀矿开采、选矿、金属铀加工和精制、浓缩铀的生产、燃料元件制造、辐照过核燃料的后处理、放射性同位素等环节中以及夜光粉的生产及夜光粉涂料车间、放射化学实验室等场所。空气污染是造成放射性物质经呼吸道进入体内的主要途径，其基本的防止措施如下。

① 空气净化

空气净化就是通过空气过滤、除尘等方法，尽量降低空气中放射性粉尘或放射性气溶胶的浓度。同时在实验室或工作场所设计上，应注意气流走向和污染控制。

② 稀释

稀释就是不断地排出被污染的空气并换以清洁空气，换气次数视空气被污染的水平而定。为防止环境放射性污染，被排出的污染空气一般应经过滤器过滤。

③ 密闭包容

密闭包容就是把可能成为污染源的放射性物质存放在密闭的容器中或者在密闭的手套箱或热室中进行操作，使之与工作场所的空气隔绝。工作场所分区控制也是一种广泛意义上的包容。

图 6-12　密闭包容操作系统

④ 个人防护

个人防护就是工作人员佩戴高效率防护口罩、采用隔绝式或活性炭过滤式防护面具。当空气污染严重时，工作人员可戴头盔或穿气衣作业。

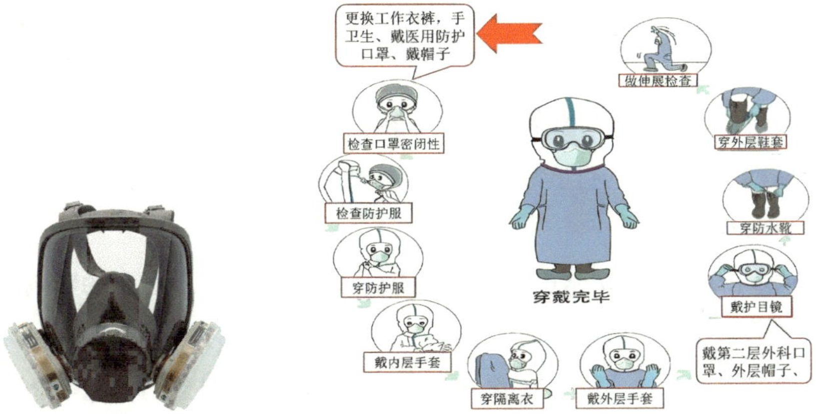

图 6-13　个人辐射防护措施

防止放射性物质经口进入体内

除了防止工作场所造成工作人员食入污染以外，还应防止环境污染而使放射性物质经口进入公众体内，主要是防止食物和水源污染。禁止在放射性工作场所或实验室抽烟，进食、饮水等。在厂区，生活用水系统应和生产用水系统分别设置，以免生产用水污染生活用水。

建立污染控制和内照射监测系统

工作区内和工作区出口必须建立必要的污染监测和控制设备。必须坚持对工作场所的空气、地板、设备表面的污染监测。工作场所出口处设置体表污染检查和淋浴更衣设备。还应对周围环境中的空气、水源、有代表性的农牧产品进行常规监测。在必要的情况下，应对某些工作人员的排泄物进行定期检查或用全身计数器进行检查，以便及时发现体现体内污染事件。

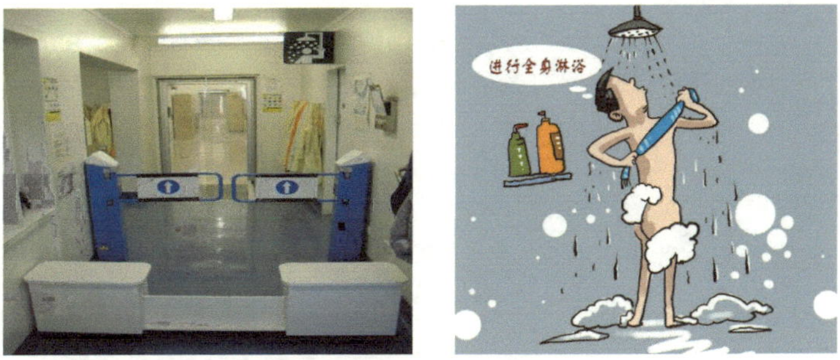

图 6-14　个人辐射防护措施

参考文献

[1] 左凤荣，切尔诺贝利事故的原因与教训 [J]. 国际视野，2011.6：55-58

[2] 胡遵素. 切尔诺贝利事故及其影响与教训 [J]. 辐射防护，1994，14（5）：321-335

[3] 黄越承，周平坤. 切尔诺贝利事故对健康、环境和社会经济的影响[J]，中华放射医学与防护杂志，2006，26（3）：309-312.

[4] [日] 长谷川公一. 福岛核灾难的教训：迈向无核社会[J]. 学海，2015（4）：76-85

[5] 杨朝飞，福岛核事故的沉重思考 [J]. 观察思考，2011（14）：37-40.

[6] 张之华，叶茂，罗昕，钱达志. 日本福岛核事故的思考与警示 [J]. 原子能科学技术，2012，46（增刊）：904-912.

[7] 董建文，高凌云，王法珂. 人为灾害：福岛核事故原因述评及反思 [J]. 山东行政学院学报，2012，119（4）：53-59.

第七章　核武器及核动力

第一节　认识核武器

1.1　究竟什么才是核武器

核武器是一种能利用自持原子核裂变或聚变或两者兼备的反应，瞬时释放巨大能量，产生爆炸作用，并有大规模毁伤破坏效应的武器。核武器又被称为核子武器或原子武器。狭义上的核武器就是指用于战争过程中，将多种核装置装入弹头壳体组成的核弹，即构成弹道导弹的核弹头。广义上的核武器是指整个核武器系统，它主要包括核弹、发射系统和指挥控制、通信和作战支持系统。

核武器中填装的是核燃料，也称为核装料或核材料，不同类型的核武器，其中填装的核燃料也是不相同的，但都会在发生爆炸后进行着不可控制的核反应，与化学反应不同的是核反应在零点几微秒的时间里就会释放出巨大的能量，这也就是为什么核武器会有巨大的威力。

梯恩梯当量

梯恩梯（TNT）当量是一种用于描述核武器爆炸威力的习惯计量，表示核武器爆炸时释放出的能量与多少吨 TNT 炸药所释放出的能量相当，因此，TNT 当量并不是一个重量的单位。TNT 炸药是指三硝基甲苯，这是 1863 年由 J・威尔勃兰德发明的一种威力很强而又相当安全的炸药，是计量炸药威力的基准。1 千克 TNT 爆炸可产生 420 万焦耳的能量。可以理解为一千克 TNT 所释放出的能量可以把一个一千克的物体移动 420 千米。美国在

1945 年 7 月 16 日在新墨西哥州进行的原子弹试验为 1.9 万吨梯恩梯当量，也就是相当于 1.9 万吨梯恩梯炸药所释放出的能量，按照之前的换算，所产生的能量约为 7.98 千兆焦耳的能量，也就是说产生的能量能将一千克的物体绕地球赤道 199 126 圈。

不比不知道的核武器

核武器属于大规模杀伤性武器，与常规的炸弹、炮弹存在很大的不同，由于其超高的破坏性和对人产生的长期危害性，世界各国对核武器的管控都是非常严格的，《不扩散核武器条约》和《全面禁止核试验条约》是国际上对待核武器的两个基本条约，目前世界上公认的有核武器国家是五大常任理事国，以及印度和巴基斯坦，在战争中使用核武器其实并不是一个军事问题，而是一个政治问题，各国所进行的核试验以及拥有的核弹头数目也只是用来证明自己的军事实力，更多地体现一种威慑，而不是在实战中的应用。表 7-1 详细对比了核武器与常规武器的区别。

表 7-1　核武器与常规武器差别对比

	常规武器	核武器
产生威力	普通进攻型手榴弹装药在 40～60 克，爆炸威力相当于 100 克左右 TNT	原子弹（氢弹）所产生的威力通常在几万至几百万（几百万至几千万）不等的 TNT 当量
杀伤范围	通常杀伤半径在几十米，最远几百米	杀伤半径高达几千米至几十千米
杀伤作用	炸药爆炸时所产生气浪或者弹头炸裂后碎片所造成伤害	由气浪所产生的冲击波、瞬间核辐射、电磁脉冲干扰、核污染、光辐射、超高温度等

1.2　春蚕到死丝方尽——伟大的核科学家

尤利乌斯·罗伯特·奥本海默

1942 年 8 月，美国物理学家、“曼哈顿计划”的领导者奥本海默被任命为研制原子弹的“曼哈顿计划”的首席科学家，在新墨西哥州沙漠建立洛斯阿拉莫斯国家实验室，并集中一流科学家和最好的设备，并统一协调研究原子弹。1945 年，洛斯阿拉莫斯实验室成功制造了第一批原子弹，一枚在阿拉摩高德沙漠上空引爆，发出耀目闪光及冒起巨型蘑菇状云，成为世界上一颗成功爆破的原子弹。后来，奥本海默也被誉为“世界原子弹之父”。作为“曼哈顿计划”的领导者，他在实践上验证了爱因斯坦的核武器理论并更近一步完善了理论，并付诸工程实践，是使 $E=mc^2$ 的威力显现的人。

邓稼先

核物理学家、中国科学院院士邓稼先参加组织和领导中国核武器的研究、设计工作，是我国核武器理论研究工作的奠基者之一。自 1950 年回到祖国后，始终致力于中国核武器的研究，成功设计了中国原子弹和氢弹，把中国国防自卫武器引领到世界先进水平，被称为“两弹元勋”。邓稼先一生功勋卓著，获奖无数，他生前的最后一枚奖章是在医院的病房里获得的，这也是“七五”期间党中央、国务院授予的第一个全国劳动模范称号、也是授出的第一枚全国劳动模范奖章。遗憾的是，就在戴上这枚奖章的 12 天后，1986 年 7 月 29 日，邓稼先永远离开了这个世界。在生命的最后时刻，邓稼先对妻子许鹿希说：“假如生命终结后可以再生，那么，我仍选择中国，选择核事业。”

于敏

核物理学家、中国科学院院士于敏在中国氢弹原理突破中解决了一系列基础问题，提出了从原理到构形基本完整的设想，此后长期领导核武器理论研究、设计，解决了大量理论问题。对中国核武器进一步发展到国际先进水平作出了重要贡献。于敏把原子核理论分为三个层次，即实验现象和规律、唯象理论和理论基础，填补了中国原子核领域的空白。由于学习和工作的繁忙，多年来于敏的休息时间一天只有 6 个小时左右，而至少有 30 年。于敏是靠古诗词的催眠来完成这 6 个小时的睡眠的。2015 年，于敏荣获国家最高科技奖。

第二节 拨开云雾见青天——原子弹的本质

2.1 在战争中使用过的原子弹

1945 年 8 月 6 日，在第二次世界大战中，由美国空军保罗·提贝兹驾驶的 B-29 超级空中堡垒轰炸机“埃诺拉·盖伊”号在日本广岛上空投掷首枚原子弹，这也是人类历史上首次使用的核武器，此次爆炸使得广岛市瞬间变成一片火海，死伤人员高达 13.5 万人，达到了当时广岛人口总数的 1/2 还要多。在爆炸中没有直接死亡的市民，在未来的生活中也饱受强剂量辐射所带来的癌症等疾病的痛苦，怀孕的母亲也因为受到核辐射而出现流产。造成如此严重后果的原子弹就是美国制造的铀弹名叫“小男孩”(见图 7-1)。

图 7-1　美国在广岛投掷的原子弹

“小男孩”采用枪型爆炸方法，在距地面约 600 米的上空爆炸，瞬间产生强烈的闪光，所产生的蘑菇云中含有大量核辐射尘，辐射尘与云中的水混合在一起便混合成黑色的雨，这些雨水污染了正常的河流，导致很多在饮用了此水体的人，出现急性放射病或产生严重的内照射。爆炸的瞬间，中心气压达到数十万个大气压，引发强烈的气浪，爆炸中心的风速达到 440

米/秒，相当于 12 级台风的 10 倍，将周边的所有建筑瞬间夷为平地；爆炸中心的温度达到 3 000～4 000 ℃之高。爆炸发射出大量的 α 射线，β 射线，γ 射线和中子，粗略推算，每 1 平方厘米的地表中就含有 1.2 万亿个高速中子以及数量更为庞大的热中子。

仅仅在“小男孩”落地后的第三天，1945 年 8 月 9 日，由美国空军飞行员查理士 • 斯文尼驾驶的 B-29 战斗机向日本长崎投放了原子弹，这次是一颗重量约为 4.672 吨的钚弹，称之为“胖子”。“胖子”的爆炸导致 3.9 万人死亡以及 2.5 万人受伤，给长崎带来非常巨大的灾难。两颗原子弹的投放大大加速了日本的投降，日本于 1945 年 8 月 15 日宣布无条件投降，9 月 2 日签署投降书，第二次世界大战至此结束，但是核武器对人类生活的威胁就此开始。

2.2　原子弹的工作原理

经过广岛和长崎的两次核武器灾难，人们对原子弹长期停留在一种恐惧、神秘的认识下，更多的科幻电影中也将原子弹作为终结地球的最强武器推出，其实，剖析原子弹的工作原理后，它并不神秘。

原子弹发生爆炸时，主要由引爆成分和核装料成分组成：引爆成分是用高能炸药填装，在爆炸时能尽可能产生大量的能量，使处于次临界状态的 ^{235}U 或 ^{239}Pu 核装料快速达到临界状态，中子源释放出中子，迅速引发裂变链式反应，从而发生自持链式反应，产生巨大能量。发生爆炸的原理可归纳为以下两类。

（1）压拢式

压拢式又称之为枪型，此装置中需要将核燃料做成两个半球体，在引爆时，首先触发雷管，引燃炸药，由高能炸药所产生的强大冲击能量使得额外准备的像子弹一样的核装料由导向槽打入两个半球体中。这样，达到临界质量瞬间达到超临界状态，并提供适当的中子，引发自持链式反应。如图 7-2 所示。

（2）压紧式

压紧式又称内爆型，此装置是将所有次临界状态的核装料放置在原子弹的中心，在装料周围布满高能炸药和雷管。引爆时，高能炸药爆炸，向原子弹中心的核装料提供强大的压力，将核装料压缩到极高的密度下，达到临界状态，中心的中子源释放出中子，引发自持链式反应。如图 7-3 所示。

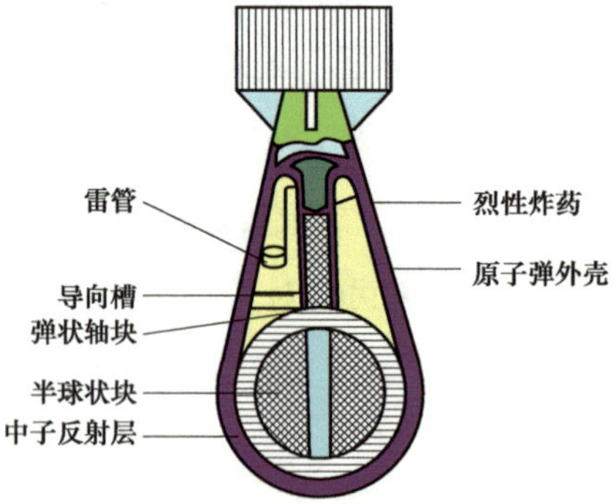

图 7-2　压拢式原子弹原理图

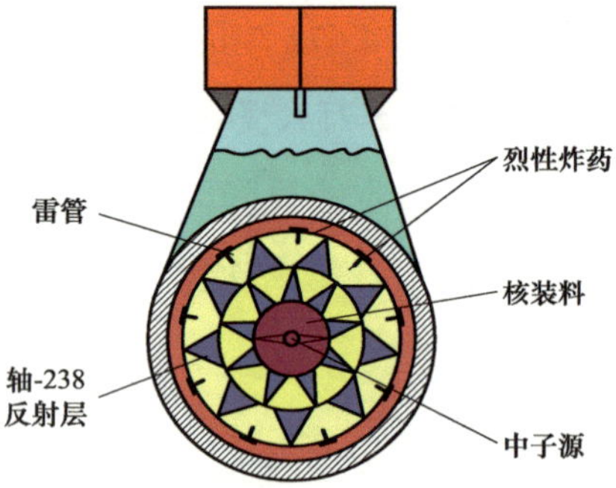

图 7-3　压紧式原子弹原理图

压拢式通过增大质量来达到超临界，压紧式则是通过增大密度来达到超临界，在这样的对比下就使得压拢式的装料利用率低于 10%，而压紧式的装料利用率可以达到 20%，现在大多原子弹都采用压紧式。

2.3　蘑菇云

蘑菇云是原子弹在爆炸时所产生的特征景象，它的形成过程是：原子弹在爆炸瞬间，会在空中产生耀眼的强光，可以照亮到几十至几百千米远的地方；在爆炸中心会迅速产生一个腾空而起的火球，火球的温度可以高达几百万乃至于几千万摄氏度，周围空气的压力可以达到几亿甚至上百亿个大气压；火球不断上升，不断对外释放出各类波长的射线，包括 X 射线、紫外线、可见光等；在上升的过程中，火球的温度会开始下降，火球的颜色也就由开始的红色逐步变化为灰白色。在火球不断膨胀的同时，爆炸中心的地面上会扬起大量的尘土、碎石，由气流带入空中不断上升，远处看去就像一个粗大的圆柱支撑着上面的灰白色云球，这就形成了人们口中的蘑菇云。一般情况下蘑菇云在原子弹爆炸后，能维持 1 小时左右。不同爆炸形式的蘑菇云，在外观上也有很大的区别。

图 7-4　空中爆炸蘑菇云

图 7-5　地面爆炸蘑菇云

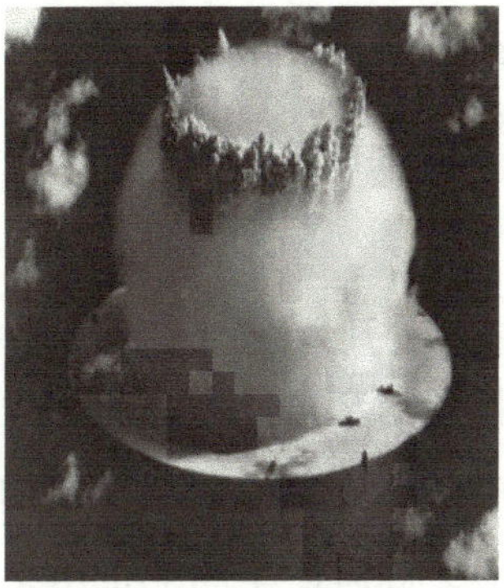
图 7-6　水下爆炸蘑菇云

2.4　原子弹的毁伤类型

原子弹在爆炸时，主要会产生四种对人的常见毁伤作用和一种对电子、通讯设备的毁伤作用，其作用的程度也是不一样的，最主要的两种毁伤作用是冲击波和光辐射，如图 7-7 所示。

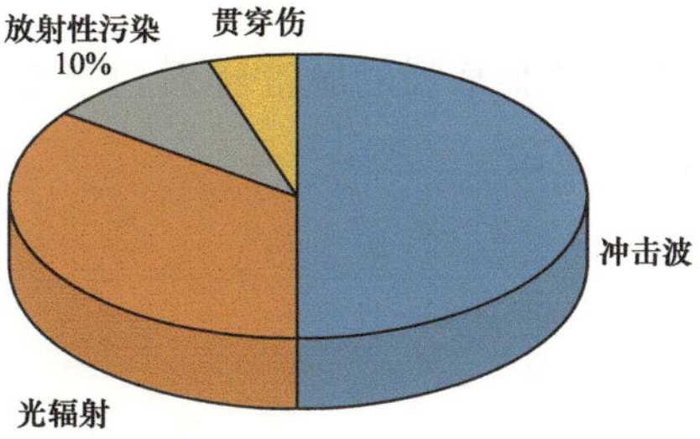

图 7-7　原子弹爆炸毁伤类型作用份额（电磁脉冲所占的份额很低）

（1）冲击波

原子弹在爆炸瞬间形成的火球温度高达几千万摄氏度，火球会迅速向外膨胀而压缩周围的空气，形成高压气浪，高速向周围扩展，这样也就产生了冲击波。冲击波是原子弹爆炸毁伤作用中最主要的一种，强大的冲击波会使得周围的房屋建筑、人员等受到非常巨大的杀伤破坏作用。

（2）光辐射

原子弹爆炸时会产生非常强烈的闪光，产生非常强的光和热，这种高能强光可以让受照射的物体快速融化、蒸发，也会让人体和动物瞬间致盲，这就是非常危险的光辐射。

（3）贯穿辐射

原子弹爆炸的短期时间内会产生非常大量的 γ 射线以及中子流。这些粒子的穿透能力都非常强并且具有较高能量，会使得受照射人群产生急性放射病或者是致癌等长期随机效应，更多的也会对后代产生较强的遗传效应，同时产生的大量中子在空气中还可以不断感生放射性物质，感生放射性物质是指被强核辐射激活而形成的放射性物质。

（4）放射性污染

原子弹在爆炸时会释放出大量核裂变产物、未爆炸的核装料和中子新产生的感生放射性物质，这些物质在空气中聚集，或是沉降到土地上，或是渗入河流地下水中，或是残留在昆虫动物的皮肤上，会给人类带来非常严重的危害，会对人体产生不同程度的内照射或外照射伤害。

（5）电磁脉冲

原子弹在爆炸瞬间产生非常强的脉冲辐射，主要是对电子通讯设备产生强大的信号干扰和破坏作用。

2.5 “核”坛趣闻

（1）中国的“596”

1959 年 6 月 20 日，苏联领袖赫鲁晓夫终止了对中国的援助，同年 7 月，中国政府决定将第一颗原子弹研发工程命名为“596”项目。由邓稼先、钱三强等核领域专家聚在一起，正式开始了中国核事业的研究。经历了五年的艰苦奋斗，终于在 1964 年 10 月 16 日，在中国新疆的罗布泊地区成功试爆了中国第一颗代号为“596”的原子弹。第一颗原子弹是安装在102米高塔上进行的试爆，爆炸时产生了巨大的蘑菇云，让现场的所有人为之振奋和骄傲，中国正式成为全世界第五个拥有原子弹的国家。仅仅在两年零八个月之后，中国的第一个氢弹也成功爆炸。

（2）德国核武器的滑铁卢

1939年9月26日，德国军备规划局在柏林组建了由物理学家维尔那·海森贝格、奥托·哈恩为首的核研究机构——铀协会，这标志着德国正式将“铀规划”纳入军事科研轨道。1940年5月，德国征服挪威和比利时，由此控制了欧洲惟一以工业规模生产重水的挪威维莫克工厂，并获得了比利时矿业联盟公司库存的1 200吨精选铀矿，这个数量几乎占当时世界铀矿总数的一半。1940年12月，德国建成它第一个研究反应堆，并掌握了金属铀的提炼技术。为了阻止德国的研究计划，英国决定实施破坏行动。他们决定首先摧毁维莫克工厂的重水储备设施，从而断绝德国生产核武器的重要原料。为此，他们制订出一个代号为“新手”的作战计划，空投伞兵并炸毁维莫克工厂。但由于天气和使用滑翔机经验的不足，致使行动失败，40多名伞兵全部牺牲。

图7-8　挪威维莫克重水工厂

1943 年 2 月 26 日，英国又实施了新的代号为“炮手”的计划。6 名特工被秘密空投到维莫克工厂附近的地区，他们潜入守卫森严的工厂，将炸药安放在工厂的要害部门——重水浓缩车间，然后迅速撤离。德军生产重水的主要设备和近 1 吨左右的重水被摧毁，这也决定性行动阻碍了德国对核武器的研究。

（3）世界核武器发展年表

世界核武器发展年表见表 7-2。

表 7-2　世界核武器发展年表

国家	首颗原子弹	首颗氢弹	间隔年月	核弹头数目/枚	导弹射程/千米
美国	1945 年 7 月	1951 年 5 月	7 年零 3 个月	7 300	13 000
俄罗斯	1949 年 8 月	1953 年 8 月	不到 4 年	8 000	11 000
英国	1952 年 10 月	1957 年 5 月	4 年零 7 个月	225	12 000
法国	1960 年 2 月	1968 年 8 月	8 年零 6 个月	300	8 000
中国	1964 年 10 月	1967 年 6 月	2 年零 8 个月	未知	14 000

第三节　核武器的与时俱进

随着科技的发展，核武器也在不断更新。目前阶段，世界上已经发展了三代核武器，而第四代核武器也已经在萌生中。

3.1　第一代核武器——原子弹

原子弹是利用核裂变释放出的巨大能量以达到杀伤破坏作用的一种爆炸性核武器。主要的核装料是铀（或钚）也是各国在研究核武器时的基础，中国是全世界第五个成功爆炸原子弹的国家。另外 1974 年印度进行第一次核试验，1998 年印、巴先后宣布拥有核弹；2006 年朝鲜核试验，2009 年朝鲜核装置试爆。

3.2　第二代核武器——氢弹

氢弹是一种能量威力比原子弹还要大很多的第二代核武器，之所以称为氢弹，是因为其爆炸是利用了氘氚聚变产生能量，氘氚都是氢的同位素，氢弹又称聚变弹或热核弹。氘氚聚变时所产生的能量是铀裂变释放能量的4倍，原子弹的威力通常为几百至几万吨梯恩梯当量，而氢弹的威力则可以大至几千万吨梯恩梯当量。因此氢弹爆炸时会产生非常明亮的火球，亮度都可以掩盖太阳的亮光。如图7-9、图7-10所示。

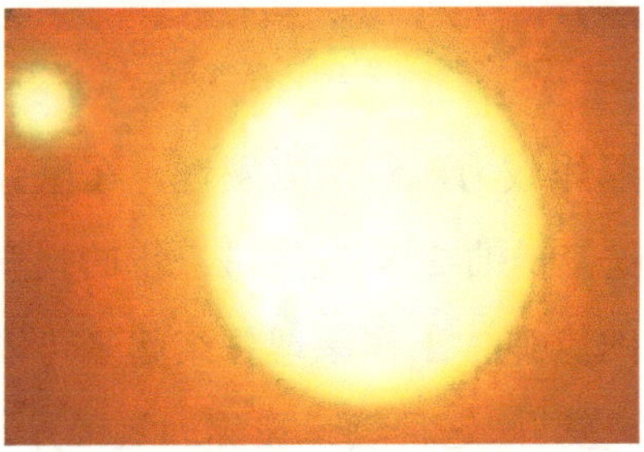

图7-9　氢弹爆炸和太阳（左上）对比

图7-10　氢弹产生的蘑菇云

氢弹的详细工作原理为：由于氘氚要进行聚变反应时，需要极高的温度（几万摄氏度以上）和很大的压力（几亿个大气压）才能实现，但是如何才能产生这么苛刻的条件呢？科学家想到原子弹爆炸可以实现该条件，因此氢弹需要先利用核裂变释放能量进而引发氘氚等轻核发生自持聚变反应和伴随的裂变反应，以此来瞬时释放巨大能量。

第一代氢弹　最早的氢弹采用的是氘氚弹，首先是由铀块或者是钚块作为原子弹的核装料，在雷管和炸药引爆后采用压拢原理激发原子弹的爆炸，提供氘氚聚变所需要的高温和高压，从而实现氢弹的爆炸。但是由于在正常情况下氘和氚都是气态物质，无法作为核装料，需要将其冷却到零下200摄氏度，变为液体实现装料，但是这样会使得到的氢弹体积很庞大，并且要想实现高威力的爆炸效果，则制成的氢弹还会变得非常沉重，使它的发射、运输成为问题，不能具有实战意义。

第二代氢弹 小型化的氘化锂弹。考虑到氘氚弹的体积质量问题，苏联科学家选择用氘化锂-6 作装料，其密度为 0.8 克/厘米^{3}左右。在氢弹中，烧掉 1 千克氘化锂-6，释放出 4 万～5 万吨梯恩梯当量左右能量。原子弹在爆炸时所产生的中子可以与锂-6 相互作用产生氚，这样就可以由产生的氚和氘发生聚变反应，避免了使用液态氘和氚，大大节约了氢弹的体积和质量。

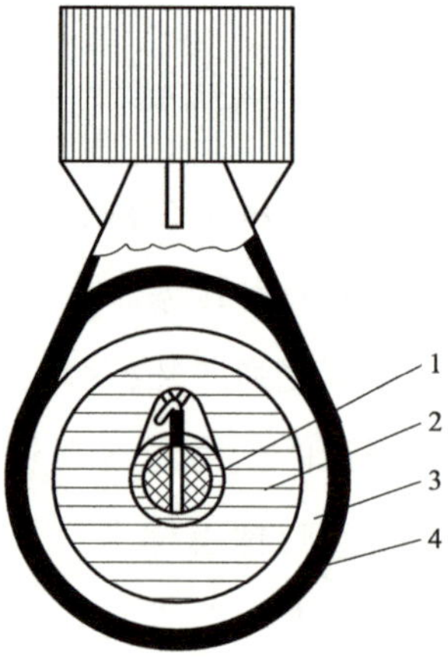

图 7-11 三相式氢弹原理结构示意图

1—原子弹；2—氘化锂；3—铀；4—弹壳

第三代氢弹 为了进一步升级氢弹的爆炸威力，科学家发现，在氢弹爆炸时会释放出大量快中子，而快中子可以使得铀-238 发生进一步的裂变反应，放出更多的能量，制造出威力更大的氢弹。工作原理总结起来可以概括为“原子弹裂变—氘氚聚变—铀-238 裂变”，这种氢弹被称为氢铀弹，也称为“三相弹”。此类型氢弹可以产生更大的能量，成本更低，同时会产生更多的放射性裂变产物，造成更大的放射性污染，因此又被称为“肮脏氢弹”。在世界范围内，大部分氢弹均为三相弹。

3.3 第三代核武器——中子弹

原子弹和氢弹虽然拥有很大的威力，但是在爆炸之后，会在受炸区产生大面积强辐射区，这使得交战时自己的部队也无法到达作战区域，因此为了解决实战需求，1977 年 7 月美国宣布成功研制了第三代核武器——中子弹，如图 7-12 所示。中国也在 20 世纪 80 年代宣告成功研制中子弹。

图 7-12 中子弹

中子弹是一种以增强高能中子辐射作为主要杀伤因素的低当量小型氢弹。亦称为“增强辐射弹”。中子弹主要利用氘、氚原子核的聚变反应来实现增强高能中子辐射的目的，不用氘化锂，不用铀-238 外壳，聚变反应与裂变反应相比，在释放的能量相同时，聚变反应放出的中子要比裂变反应多得多。中子弹与原子弹相比，冲击波和光辐射效应有较大幅度的减弱，约降至 20%，贯穿能力很强的中子等瞬发辐射作用则显著加强至 80%。中子弹在军事上主要用来杀伤战场上的坦克兵，尤其是对集群装甲内的人员，而对坦克、建筑、武器所产生的破坏并不大；在 150 米高度爆炸时，中子的辐射杀伤半径是同威力裂变武器的 2 倍。中子弹是一种非常有效的实战武器。

为了精确打击定向目标而不伤及周围建设，科学家努力设计以核能为动力源的定向能武器，亦称第三代控制武器。利用某种装置将核爆炸产生的能量和破坏效应，以各种不同的方式加以转换和引导，使其产生定向破坏力的核武器。它分为两类：一类是将某种核爆炸效应增强再加以引导使其形成定向辐射，像冲击波弹、定向核电磁脉冲弹等；另一类是将核爆炸能引入特殊装置，在其中激励出强大的能束，并释放出来射向目标，如核爆炸激励的 X 射线激光器。这种武器具有命中精度高，毁伤破坏效应好，攻击的针对性、目的性强，对已方影响小等优点。目前一些国家正在加紧对它的研制。有些种类在原理上已试验成功，有些正向武器化方向迈进。

3.4　第四代核武器——定向能武器

第四代核武器最大的突破点在于其追求更高效，更低的放射性污染。第四代核武器主要有粒子束武器、同质异能素武器、反物质武器。

粒子束武器主要是计划通过高能强流粒子加速器，将注入的电子、质子等提速至光速，借助磁场作用将高速粒子汇聚成粒子束而直接打向目标，这样便可以实现在非常短时间内进行高杀伤性打击。

同质异能素武器的基本原理是利用同一种处于不同能量状态的核素在退激过程中释放出的大量能量所制成的武器，由于许多同质异能素均已 γ 衰变退激到基态，因此同质异能素武器可以理解为是一种强 γ 激光武器。

目前，第四代核武器仅是在实验室的原理研究阶段，想要真正应用在武器方面还有一定的道路要走，还需要更多的科学家潜心研究。

第四节　不竭的动力——核动力

第二次世界大战的乌云刚刚散去，冷战的大幕又从砖瓦废墟上缓缓拉开。美国和苏联这一对超级大国，从共同对抗纳粹的威胁中解除出来后，就再没有过真正意义上的和平相处。美苏双方展开全方位的竞赛，试图用它们的影响力控制整个世界。美国与西欧国家组成北大西洋公约组织（简称北约）。而作为对抗，苏联则将大多数东欧国家集结在一起，共同组建了华沙条约组织这一共同防御性实体。

与以往战争不同的是，美苏双方都在他国挑起间接的战争对抗，而避免相互间的直接作战冲突。没有一方希望挑动对方直接作战，因为这意味着全面核战争——人类毁灭的危险，双方在这一前提下形成了冷战态势。即便是冷战，美苏双方也积极寻找多种途径与对方展开竞争，双方都不断地将最新的科技成果发展应用。其中之一就是将破坏性巨大的核武器技术发展为核动力技术，应用于军事和民用领域。

4.1　核动力舰船

核动力潜艇——1946 年，美国海军总体委员会提出“立即开始积极和广泛地研究和发展用于海军舰艇推进的原子动力”，1954 年 1 月 21 日，人类第一艘核动力潜艇“鹦鹉螺”号下水，年底竣工。该潜艇艇长 97.5 米，宽 8.4 米，吃水 6.7 米，水上排水量 3 700 吨，水下排水量则达 4 040 吨；配备 6 具 533 毫米鱼雷发射管，可携带 18 枚鱼雷；下潜深度为 200 米，潜航时最高航速达 20 节；可在最大航速下连续航行 50 天、全程 3 万千米而不需要加任何燃料。该艇与当时的普通潜艇相比，航速大约快一半。从 1954 年 1 月 21 日下水到 1957 年 4 月更换第一个反应堆活性区为止，“鹦鹉螺”号总航程达 62 526 海里，相当于沿赤道绕地球三圈。

中国第一艘核潜艇的总体设计从 1966 年开始，设计与建造交叉进行。1968 年 11 月首艇在船厂开工建造。1974 年 8 月 1 日，中共中央军委发布命令，命名中国第一艘核潜艇为“长征 1 号”正式编入海军序列。从此中国海军作为世界上第五个拥有核潜艇的海军跨入世界核海军行列，它标志着中国舰艇装备技术已发展到一个新水平。

图 7-13　世界第一艘核潜艇“鹦鹉螺”号

图 7-14　中国第一艘核潜艇“长征 1 号”

核动力巡洋舰——核动力巡洋舰是以核原料为燃料的巡洋舰，其最大特点就是续航能力强，可连续航行几年，绕地球数周而无需补充燃料，世界上总共建造过 13 艘核动力巡洋舰。世界上第一艘核动力巡洋舰是美国于 1957 年 12 月开工，1960 年下水的“长滩”号核动力导弹巡洋舰。其满载排水量为 1.8 万吨，装备巡航导弹、反舰导弹、防空导弹和反潜导弹。此后，美国又建造了 4 种型号 8 艘核动力巡洋舰。

苏联的“基洛夫”级核动力导弹巡洋舰是除美国外其他国家仅有的 4 艘核动力巡洋舰，也是目前世界上最大的巡洋舰。它们的满载排水量达 2.8 万吨，舰上各种导弹发射装置达 250 管之多，最多可携带 296 枚导弹。

图 7-15 “长滩”号核动力巡洋舰

图 7-16 “基洛夫”级核动力巡洋舰

核动力航空母舰——核动力航空母舰，简称核航母，是以核反应堆为动力装置的航空母舰。目前世界上只有美国海军发展核动力航空母舰。除美国外，只有法国拥有一艘核动力航空母舰。核动力航母更换一次燃料可以连续航行 50 万海里，可以高速驶往世界任何海域。核动力这一巨大的动力资源使航母具有更强的机动性和高速巡航能力，节省出大量空间和载重吨位，可以装载更多的航空燃油，改善舰员的居住和工作条件，减少对基地和后勤支援的依赖。

图 7-17 美国“企业”号（CVN65）

图 7-18 法国“夏尔·戴高乐”号

核动力破冰船——核动力破冰船是以核动力为动力的破冰船。全球最大核动力破冰船是俄罗斯造的，用于破碎水面冰层，开辟航道，保障舰船进出冰封港口。1957 年苏联第一条核动力破冰船“列宁”号下水，1959 年开始服役。“列宁”号破冰船舰长 134 米，型宽 27.6 米，排水量 19 000 吨，采用三个核反应堆。1975 年之后，俄罗斯又建造了 6 艘排水量超过 20 000 吨的核动力破冰船，其中“北极”号是第一个到达北极点的破冰船。

图 7-19　核动力破冰船

4.2　核动力航天器

核动力火箭——化学能火箭是目前使用非常广泛的入轨运载工具，比如使用氢氧机产生较大的推力，推动火箭升空。这种能量推进方式较为成熟，但是化学火箭质量太大，以土星五号为例，起飞质量达到 3 000 吨左右。核动力火箭用核能作为动力，代替传统化学能燃料的火箭，无论是在动力上还是续航力上都比传统火箭有无可比拟的优势。早在 20 世纪初，得知居里夫妇提炼出放射性元素镭之后，俄国航天之父齐奥尔科夫斯基就预言：“一吨重的火箭只要用一小撮镭，就足以挣断与太阳系的一切引力联系。”

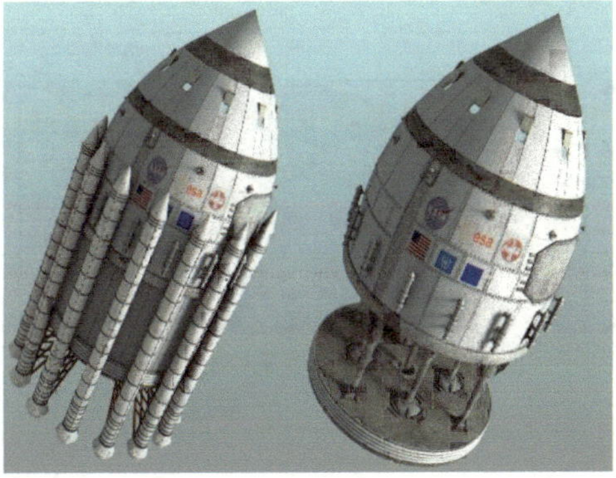

图 7-20　核动力火箭

常见的核裂变技术发动机包括核脉冲火箭、核电火箭、核热火箭，以及核冲压火箭等。以核热火箭为例，其反应堆结构比陆基核电站的规模要小很多，铀-235 的富集度要求更高，达到 90%以上，在高比冲要求下，发动机核心温度将达到 3 000 K 左右，需要耐高温性能极佳的材料。美国宇航局的科学家目前正在研究新型核聚变动力，2030 年的火星载人登陆计划中将会使用到这一革命性动力可极大缩短空间飞行的时间。

核动力深空探测——在宇宙空间（太空中）使用的核动力技术，被统称为“空间核动力”技术，它主要是利用核反应堆产生的裂变能和放射性同位素的衰变能，根据不同的任务需求、通过不同的方式，把核能转变成电能和推进动力。空间核动力装置易于实现大功率供电，能为航天器提供数千瓦至数兆瓦的电能；能量密度大，重量轻、体积小，不依赖太阳辐射能，可全天时、全天候连续工作；环境适应性好，具有较强的抗空间碎片撞击能力，可在尘埃、高温、辐射等恶劣条件下工作。可以说，空间核反应堆电源是军事航天的理想电源，是深空探测不可替代的空间电源。

未来探测火星、木星等距离地球很远的天体时，探测器采用太阳能可能存在一定困难，而采用核动力更有优势。“十三五”期间，我国将实施空间核动力科技示范工程等一批重大项目，推动核科技进步，解决长期制约我国核工业跨越式发展的瓶颈短板。

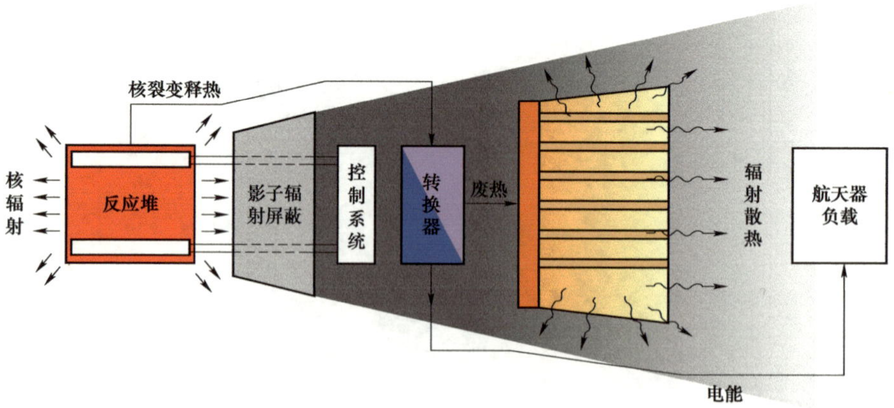

图 7-21　空间反应堆核动力原理图

参考文献

[1] 罗上庚. 走近核科学技术［M］. 北京：原子能出版社，2005.

[2] 钱绍钧. 现代武器韭备知识丛书·核武器装备［M］. 北京：原子能出版社，航空工业出版社，兵器工业出版社，2003.

第八章　辉煌的历史，灿烂的前景

全国首个核资源与环境领域国家重点实验室、全国“放射性地质”国家级实验教学示范中心、国内高校首个“海外铀资源勘查与开发人才培训中心”相继建成……翻开东华理工大学的厚重校史，那段承载着历史和荣耀的峥嵘岁月仿佛就在眼前，诉说着青春无悔奋斗与追求的往事。

1955 年 1 月，中南海，当时的地质部副部长刘杰和地质学家李四光拿着一块铀矿石标本和盖革计数器向毛主席、周总理等党和国家领导人演示汇报，在广西发现了原子弹的原料——铀矿，毛主席十分高兴的说：“要找，一定会发现大量铀矿，我们国家也要发展原子能。”

第一节　东华理工的风雨兼程

1.1　弦歌不辍：肩负国家使命，深耕核地学科

为挺起大国脊梁，中国核工业人为国造重器、铸利剑，创造了“两弹一星”精神、“四个一切”等核工业宝贵精神财富。东华理工大学作为中国核工业的第一所大学，在 60 余年的办学历程中，始终高举“核地”大旗，弘扬核军工精神，以独特的校园文化彰显育人特色。铭记历史，感念英模，接受精神与思想洗礼，让东华理工人接受核军工精神的浸润和熏陶，为其成长成才注入“核”动力。

拥有核武器需要丰富的铀矿资源来支撑，我国核事业要起步，最重要的是培养第一代铀矿及放射性地质勘查人才。1956 年，东华理工的前身太谷地质学校应运而生，100 多名教职工聚集到太行山下，从此中国核工业有

了自己的开路先锋，一群充满激情的开拓者为核梦想插上了翱翔的翅膀。

行远不忘初心。从新中国成立初期直接服务国家“两弹一艇”的诞生和核威慑能力建设的需求，到改革开放“保军转民”时期投身核能和平利用事业，一直到现今为实现“两个一百年”奋斗目标和中华民族伟大复兴的“中国梦”不懈努力，东华理工始终高举“核”“地”两杆大旗，坚持服务国家重大特殊战略需求，在拓展新兴学科的同时，力保传统特色与优势，为我国铀矿地质事业的发展、国防科技工业和地方经济建设不懈奋斗。

图 8-1　全国首个核资源与环境领域国家重点实验落户东华理工

现如今，东华理工已发展成为全国核类学科（专业）齐全、专门从事核资源与环境领域人才培养的高校，建成了独一无二的覆盖核燃料循环前段至后段的全链条学科体系，在核资源与环境领域凝练了四大特色与方向：铀成矿理论与成矿预测、核资源勘查方法与技术、铀矿采冶技术、核废物处理与处置，形成了独具特色的人才培养体系和学科发展优势。目前学校拥有 14 个高水平教学和科研平台、72 个本科专业，其中有 5 个国家管理专业、5 个国家级特色专业和 14 个省部级重点学科、14 个江西省品牌专业，拥有本、硕、博完整的核地学及涉核相关学科人才培养和科学研究体系，密切服务国防需要与核能开发。历经 65 载的积淀和升华，学校已发展成助推国家核事业发展的人才库，被誉为“中国核地学人才摇篮”。

1.2　砥砺奋进：把旗帜插在核资源与环境领域前沿

东华理工深耕“核”“地”学科，将铀资源开发与利用、核资源与环境作为重点发展方向，成为我国铀资源勘查技术中长期发展规划主要编制单位和我国最早从事高放废物地质处置研究机构，取得了处于国际先进水平的一系列科学研究开创性成果，推动了新一轮铀矿找矿重大突破，支撑了深地资源的探测与开发，开创了难浸铀矿高效开发的新途径，开辟了高放废物黏土岩处置库研究的新领域，引领了质谱分析军民融合发展。

随着学校办学特色凸显和办学水平的大步跨越，东华理工内涵建设在历史沉淀的孕育中脱颖而出，结出了累累硕果——全国首个核资源与环境领域国家重点实验室、“海外铀资源勘查与开发人才培训中心”落户东华理工；“铀资源勘查开发与核废物地质处置”服务国家特殊需求博士人才的培养由东华理工担纲；建成全国“放射性地质”国家级实验教学示范中心等30余个国家级，省部级科研教学平台，成为国际原子能机构铀矿地质培训基地。

图 8-2　东华理工为首位外籍来校留学博士授予学位

1.3 “核”心不变：以人为本，为兴核强国筑梦

教育部副部长张保庆来我校参观后评价说：“没有这个学校，原料搞不出来，搞什么两弹一艇？”

核工业部部长也曾用“华东地质学院是核工业的黄埔军校”来比喻东华理工大学。

东华理工大学也用自己的实力，证明了自己在核工业领域重要性，并赢得了社会的一致好评。

同时，东华理工也是新中国成立的第一所、也是唯一一所铀矿地质大学，被国际原子能机构官员赞誉为“国际原子能事业的宝贵财富”。

图 8-3　国际原子能大会

在中国核地矿创建 65 周年大会上，中国铀业公布了以李四光为首的 48 位中国铀业功勋人物，其中王涛和李学礼作为东华理工的杰出代表双双上榜。像王涛、李学礼一样的一代代东华理工人不惧核行业之险，专攻核事业之需，为核大国的建立默默坚守，为民族的核事业无私奉献，不断传承、弘扬核工业精神和人民军工精神，形成核军工特色大学文化，并在办学实践中不断升华，凝结为学校发展的精神之魂。

悠悠 60 余载，英才济满堂。东华理工拥有一批双聘院士、外籍院士、国家百千万人才工程人才等学科学术带头人，拥有全国优秀教师 7 人、省级教学名师 11 人，国家国防科技创新团队、教育部优秀创新团队、自然资源部科技创新团队等省部级科研团队 10 个，全国首批黄大年式教师团队等省部级教学团队 8 个……他们秉承了东华理工一以贯之的发展脉络，弘扬了艰苦奋斗、为国奉献的学校精神。

东华理工着力打造核军工先进人物群雕，发挥以点带面的引领作用，建设了一支德才兼备的“四有”好老师队伍：有“中国好人”、退休后三十年如一日坚守实验室的核化学分析专家宋金如教授，有二十九年磨一剑、勇夺国家科技进步奖二等奖的学科带头人汤彬教授，有优秀留学归国人员陈焕文教授，有全国岗位学雷锋标兵、扎根边疆潜心科研十余载的“戈壁红柳”周义朋教授，有全国模范教师、奋战脱贫攻坚一线的“农民教授”李荣同……他们以实际行动和感人事迹教育感染学生，涵养其“对国家讲奉献、对社会讲担当、对人民讲情义”的独特情怀。

图 8-4　汤彬教授（图中）

图 8-5　陈焕文教授（图）

我校的毕业生被社会高度赞誉：能吃苦、肯钻研、留得住、用得上。

在核军工校园文化的浸润和熏陶下，东华理工为国家输送了 23 万余名毕业生，培养了核地矿系统 60%以上的技术和管理骨干，涌现了一批以中国科学院院士龚健雅、中国工程院院士王耀南为代表的杰出毕业生和“勇救落水儿童”的张勇烈士、“执行任务光荣牺牲的毕业国防生”刘刚烈士、“抗洪英雄”程扶摇烈士等英雄学子，以东华理工人特有的勤恳踏实作风、

“接地气、讲义气、显大气、抒豪气”的独特品质和非凡业绩为学校赢得声誉、树立丰碑。特别值得一提的是，在抗击新冠病毒疫情和防汛救灾中，东华理工 1 000 余名青年学子投身志愿服务一线，用行动诠释着学校的精神气质，展示着文化人的深刻烙印。

图 8-6　宋金茹教授给同学讲解

第二节　核科学与工程学院历史

想要了解核科学与工程学院的历史，首先应从学院名字开始，当我们了解到名字的定义及含义，再回顾它的历史，就能够更深刻感受到它的一步步发展。关于核科学与工程，可以将其拆分为“核科学”“核工程”来分步理解。

2.1　什么是核科学

核科学由自然科学与技术科学交叉形成的核科学技术，是一门由基础科学、技术科学及工程科学组成的综合性很强的尖端学科，其主要研究核能科学与工程、核燃料循环与材料、核技术及应用、辐射防护及环境保护，始于 20 世纪前半叶，它是国家科技水平和综合国力的标志。

2.2　核科学发展特点

一是深入探索物质深层次结构，二是各种核技术（如核武器、核能、加速器、同位素与核辐照等）得到广泛应用。核科学技术研究是核事业生存与发展的先导和基础，更是核能利用、核燃料循环、核技术应用三大产业发展的技术支撑。核科学技术已形成几十个分支学科。

2.3 国际核科学技术发展的现状与趋势

（1）核基础研究领域

核物理研究提高了核多体计算的精确度。在核反应和核结构研究方面，主要目标是发展高同位旋、高角动量的极端条件。高能加速器在高能量前沿、高亮度前沿和新技术、新原理 3 个方面有发展。超导磁铁和超导高频腔在加速器中广泛应用。激光加速、等离子体尾场加速和双束加速器等研究取得突破性进展。以国际热核实验堆（ITER）计划的启动为标志，磁约束核聚变研究已经完成科学（等离子体物理学）可行性验证。已建立先进核临界安全研究设施和实验平台，形成并公布了许多临界安全基准数据。在核安全方面，重点研究严重事故、数字化控制与保护系统、人因工程、非能动安全、老化管理、概率安全评价、防恐怖和防核扩散等技术。

（2）核能技术领域

世界核电发展正处于复苏时期，在役核电站要尽量延寿运行，同时大力开展新堆型。先进压水堆技术已形成以非能动安全系统、先进反应堆芯、模块化设计、数字化仪表与控制等为代表的新潮流。第三代压水堆已形成 EPR 和 AP-1000 两种设计；已提出以高放废物最小化、核能可持续发展和强化核不扩散为目标的第四代（共 6 种）先进核能系统，其中有 3 种是快堆（钠冷快堆、铅冷快堆和气冷快堆）。快堆技术发展逾 30 年，主要核电发达国家都已掌握快堆技术。高温气冷堆已建成 2 个实验堆并完成 3 个商业示范电站设计。军用核动力技术重点向自然循环能力强、体积小、重量轻的一体化布置目标发展。在空间堆方面着重空间核反应堆电源的研究，提高军事卫星的攻防能力和生存能力。

（3）核燃料循环技术领域

探明铀资源储量可满足全球核工业发展需求。数字化铀矿山与循环经济是国际铀矿开采的总体发展趋势；地浸采铀技术已获发展和推广应用。国际铀浓缩技术由气体扩散法向更有效、经济与可靠的气体离心法发展。研究试验堆的燃料转向低浓化；提高压水堆燃料元件生产效率和制造能力，改进自动化和数字化控制水平，增加其在堆内的安全运行可靠性。在核燃料循环后段方面，多数国家走核燃料闭式循环（后处理）之路；部分国家选择“一次通过”（直接处置）方式；少数小国“等着瞧”。用于后处理的水法 PUREX 流程已经成熟，一段时期内仍是后处理工艺的主体；对未来的先进反应堆乏燃料，倾向于干法处理。放射性废物处理与处置的改进目标是：实现废物最小化，提高净化效果，延长设备使用寿命，减少维修和降低工作人员受照剂量。

2.4　核工程

核工程主要培养具有核工程与核技术基础知识，能在相关领域从事核工程与核技术方面的研究、设计、制造、运行、应用和管理工作，并具有创新意识的科技人才（核工程与核技术专业主要研究核能的安全利用、核电站运行优化与自动控制，该专业是一门多学科相互交叉的高新技术专业，它包括核动力工程与核能利用、核技术及应用两大分支）。

核工程类主要有四个专业分支，分别为：核工程与核技术、辐射防护与核安全、工程物理和核化工与核燃料工程，学制均为四年，属于工学学位。

（1）核工程与核技术

培养目标：本专业培养具有核工程与核技术基础知识，能在相关领域从事核工程与核技术方面的研究、设计、制造、运行、应用和管理工作，并具有创新意识的科技人才。

主干学科：核科学与技术、物理学、动力工程与工程热物理。

核心知识领域：原子核物理、核反应堆物理、核反应堆热工水力学、核电站系统与运行、辐射探测及核信息处理、核电子学、辐射防护与核安全。

主要专业实验：核物理实验、辐射探测实验、反应堆热工水力学实验、控制与测量仪表实验等。

（2）辐射防护与核安全

培养目标：本专业培养具有较扎实的自然科学基础知识、较好的人文知识和文化素质，能在核工程、核技术及应用、核医学等方面从事辐射防护与核安全研究、设计、开发、生产和管理、具有创新意识的科技人才。

主干学科：核科学与技术、物理学。

核心知识领域：原子核物理、核辐射探测学、辐射防护与核安全、核工程原理、核技术应用、核信息获取与处理。

主要专业实验：核物理实验、辐射探测与测量实验、辐射剂量学实验。

（3）工程物理

培养目标：本专业培养具备辐射物理、加速器物理、辐射探测、核信号处理、粒子信息分析及核技术应用等基础知识，能在各相关领域从事射线分析应用技术等方面的研究、设计、开发、应用和管理的具有创新意识的工程科技人才。

主干学科：核科学与技术、物理学、仪器科学与技术。

核心知识领域：核物理、量子力学、统计力学、加速器物理、辐射探测、核电子学、信号处理、粒子信息获取与处理、辐射防护。

主要专业实验：核物理实验、辐射探测实验、核电子学实验、核数据获取处理实验、辐射防护实验等。

（4）核化工与核燃料工程

培养目标：本专业培养具备宽厚的理论知识，扎实的专业技能，能把基础理论应用于解决科学和工程问题，能在相关领域从事研究、设计、制造、生产和管理工作并具有创新意识的科技人才。

主干学科：核科学与技术、化学工程与技术。

核心知识领域：核燃料循环概论、同位素分离原理、化工原理、核燃料后处理及核废物处置、核材料工程等。

2.5　建院历程

2001 年，东华理工大学在核技术及应用学科建设基础上，开设了核工程与核技术专业。2005 年，学校成立了核工程技术学院。2016 年，为进一步推进人才培养综合改革，突出特色，凝练方向，重新组建了核科学与工程学院。

2018 年，“核技术应用虚拟仿真实验教学资源开发与应用”入选教育部“2018 年第二批产学合作协同育人项目”。2019 年，中核工程与核技术专业是国家特色专业、江西省“卓越工程师教育培养计划”试点专业、教育部“卓越工程师教育培养计划”试点专业、江西省普通本科高等学校专业综合改革试点项目，江西省一流专业，通过了国际工程教育认证。

2020 年，核科学与工程学院延续了与中国原子能科学研究院的长期合作关系，从瑞昌核研院（是中国原子能科学研究院与瑞昌市人民政府联合共建的产学研一体化创新平台，也是中核集团第一所“院地共建研究院”）的可研伊始，持续参与瑞昌核研院的筹建工作；核科学与工程学院在 2020 年度国家自然科学基金项目立项中取得历史性突破。

2021 年，分析测试研究中心放射性实验室参加的放射性检测项目顺利通过了中国建材检验认证集团股份有限公司放射性检测能力验证计划，镭-226、钍-232、钾-40 检测结果全部评价为“满意”；核科学与工程院被授予博士点。

目前，学院设有核工程与核技术系、辐射防护与核安全系和核化工与核燃料工程系三个教学系及核工程技术实验实习中心，并设有核燃料与核化工研究所、粒子与核技术研究所、辐射防护与工程研究中心三个科研机构。核科学与工程学院是东华理工集核学科专业于一体的特色品牌学院，也是我国核燃料循环人才培养的重要基地。

2.6 建系历程

2007 年，核化工与核燃料工程专业由化学生物与材料学院化工系创建为新的学科专业，并于 2010 年成立核燃料与核化工研究所，2014 年学科入选了江西省“卓越工程师计划”，2016 年学校进一步推进人才培养综合改革，将核化工与核燃料工程系、核工程与核技术系和辐射防护与核安全系合并，重新组建了学院，也就是今天的核科学与工程学院。

（1）专业特色

核化工与核燃料工程系下设核化工与核燃料工程一个专业，该专业是适应清洁能源迫切需求、具有国防背景特色的专业；秉承以“化工”为血液，以“核”为心脏，以“工程实践”为血管的专业特色，以“卓越工程师”计划为推动力，围绕核燃料转化、浓缩、核燃料元件生产和放射性废物处理与处置设置课程，培养具有坚实的化学、化工、核化工和核材料理论基础、熟练的实验与专业技能、具有良好工程基础的专业人员，适应国家核燃料循环体系及化学化工领域经济建设需要的国际人才。

（2）专业优势

专业所在的核科学与技术学科是江西省示范性硕士点和高水平学科。“十三五”期间核科学与技术学科所属的核燃料循环与材料、放射化学方向获批国防特色学科，核化工与核燃料是江西省“卓越工程师教育培养计划”试点专业。专业共享放射性地学国家级实验教学示范中心、核资源与环境国家重点实验室等 7 个国家与省部级实验室（中心），建有核工程技术江西省实验教学示范中心，核燃料与核化工研究所，下辖 10 余个功能实验室；拥有中国原子能科学研究院、国家核安保技术中心、中核天山铀业有限公司等功能完善的产、学、研基地 8 个。

专业紧盯核燃料循环全产业链中的前段和后段两个环节，就铀及伴生资源综合开发、放射性环境治理、乏燃料后处理、放射性废物处理处置等多领域开展相关的基础科学及应用科学研究，承担并完成与“核”相关的含国家自然科学基金、核能开发、退役治理、国防基础科研、中核自主研发项目等省部级以上科研项目十余项。

（3）专业主要学习研究内容

核能的开发、利用要有核燃料的支撑，核能的持续发展更需要把核燃料不断循环起来，使未燃尽燃料得到充分利用，使新生成的核燃料得以有效利用，使其他有价核素得以广泛应用，这就产生了核燃料循环体系。核燃料循环是指核燃料进入反应堆前的制备和在反应堆中燃烧及以后处理的整个过程。这个过程包括：铀（钍）资源开发和燃料加工，燃料在反应堆中使用，乏燃料后处理三大部分。铀—钚循环的工艺过程包括：（1）铀矿地质勘探；（2）铀矿石开采；（3）铀的提取和精制；（4）铀的化学转化；（5）^{235}U 的富集；（6）燃料元（组）件制造；（7）堆内使用（燃料）；（8）乏燃料中间贮存；（9）乏燃料运输；（10）乏燃料后处理；（11）放射性废物的处理和最终处置。核燃料循环不仅是核工业的生命线，也是本专业的学习与研究的主要路线。

（4）专业知识要求

① 具有较扎实化学、化工功底

② 系统掌握核化工与核燃料工程专业领域基本理论和方法

③ 掌握本专业必需的工程制图、计算与设计

④ 了解核领域的重要法律、法规、标准和导则

（5）强大的师资力量

截至 2022 年，专业有专任教师 18 人，硕士研究生导师 12 名，其中教授 5 人、副教授 4 人、讲师 10 人，具有博士学位教师 17 人；江西省百千万人才工程 3 人、江西省高校中青年学科带头人 3 人、江西省高校中青年骨干教师 1 人；江西省青年井冈学者 1 人，有 6 人曾作为国家公派访问学者在国外一流大学研修，4 人曾在国内著名高校交流研修。

（6）就业前景

核化工与核燃料工程专业毕业生既适应在核电站、核能研究院和设计院、核试验基地及环保等相关领域工作，也可在民用材料、化学工程与工艺、资源环境科学与工程、能源工业、化学制药等专业领域从事生产、规划、设计、管理、教育和研究开发工作，毕业生在用人单位积累了良好的口碑，大部分成为单位的技术与管理骨干。

附录一　中国核工业功勋人物

在 2020 年 1 月 15 日纪念核工业创建 65 周年座谈会上，中国核工业集团有限公司发布了“核工业功勋榜”。特别上榜人员（14 人）

于敏——在氢弹原理突破中起了关键作用

1960 年底，在钱三强的组织下，以于敏等为主的一群年轻科学工作者，悄悄地开始了氢弹技术的理论探索。这次从基础研究转向氢弹研究工作，对于敏个人而言，是很大的损失。于敏生性喜欢做基础研究，当时已经很有成绩，而核武器研究不仅任务重，集体性强，而且意味着他必须放弃光明的学术前途，隐姓埋名，长年奔波。从此，至 1988 年，于敏的名字和身份是严格保密的。于敏没有出过国，在研制核武器的权威物理学家中，他是唯一一个未曾留过学的人。于敏几乎从一张白纸开始，依靠自己的勤奋，举一反三进行理论探索。从原子弹到氢弹，按照突破原理试验的时间比较，美国人用了七年零三个月，英国四年零三个月，法国八年零六个月，苏联四年零三个月。主要一个原因就在于计算的繁复。而当时中国的设备更无法可比，当时仅有一台每秒万次的电子管计算机，并且 95%的时间分配给有关原子弹的计算，只剩下 5%的时间留给于敏负责的氢弹设计。于敏记忆力惊人，他领导下的工作组人手一把计算尺，废寝忘食地计算。四年中，于敏、黄祖洽等科技人员提出研究成果报告 69 篇，对氢弹许多基本现象和规律有了深刻的认识。

1965 年，于敏调入二机部第九研究院（中国工程物理研究院前身）。9 月，于敏带领一支小分队赶往上海华东计算机研究所，抓紧计算了一批模型。但这种模型重量大、威力比低、聚变比低，不符合要求。于敏总结经验，带领科技人员又计算了一批模型，发现了热核材料自持燃烧的关键，解决了氢弹原理方案的重要课题。10 月下旬，于敏开始从事核武器理论研究，在氢弹原理研究中提出了从原理到构形基本完整的设想，解决了热核武器大量关键性的理论问题。于敏向在上海出差的全体同志作了系列的“氢弹原理设想”的学术报告，引起了大家的很大兴趣，普遍认为通过这个阶段的工作，研究者抓紧时间试算了两个模型，得到很好的结果。之后，于敏在二机部第九研究院历任理论部副主任、理论研究所副所长、所长、研究院副院长、院科技委副主任、院高级科学顾问等职。于敏意识到惯性约束聚变在国防上和能源上的重要意义。为引起大家的注意，他在一定范围内作了“激光聚变热物理研究现状”的报告，并立即组织指导了中国核理论研究的开展。

1986 年初，邓稼先和于敏对世界核武器科学技术发展趋势作了深刻分析，向中央提出了加速核试验的建议。事实证明，这项建议对中国核武器发展起了重要作用。1988 年，于敏与王淦昌、王大珩院士一起上书邓小平等中央领导，建议加速发展惯性约束聚变研究，并将它列入中国高技术发展计划，使中国的惯性聚变研究进入了新的阶段。

王淦昌——以身许国的核科学奠基人和开拓者之一

1952 年，王淦昌与吴恒兴、林传骝赴朝鲜战场，完成了探测美军是否使用原子武器、投掷放射性物质的任务。1956 年 9 月，王淦昌作为中国的代表，到苏联杜布纳联合原子核研究所任研究员，从事基本粒子研究，并被选为副所长。在联合原子核研究所工作期间，他领导的物理小组首次发现了反西格马负超子（$\Sigma-$），首次观察到在基本粒子相互作用中产生的带奇异夸克的反粒子。1959 年，王淦昌在苏联杜布纳联合原子核研究所的研究中，从 4 万对底片中找到了一个产生反西格马负超子的事例，发现超子的反粒子，引起国际学术界轰动。

1960 年 12 月王淦昌从苏联回国，1961 年 4 月，受命秘密地参加到原子弹的研制工作中，负责物理实验方面的工作。指导设计实验元件和指挥安装，于 1962 年，基本上掌握原子弹内爆的手段和实验技术。1964 年 12 月，王淦昌独立提出激光驱动核聚变的建议，中国激光核聚变研究开始起步。1978 年，王淦昌调回北京，任核工业部副部长，兼原子能研究所所长。在其直接领导下，先后开展强流电子束惯性约束核聚变和氟化氪激光惯性约束核聚变的基础性研究工作，为后来的惯性约束聚变获取核能做出了开创性工作。

1982 年，王淦昌因发现反西格马负超子和研制、试验核武器方面的工作，荣获两项国家自然科学奖一等奖。1964 年，王淦昌独立提出了用激光打靶实现核聚变的设想，是世界激光惯性约束核聚变理论和研究的创始人之一，也使中国在这一领域的科研工作走在当时世界各国的前列。1985 年，王淦昌把研究方向转向氟化氪激光聚变研究，把原有的强流电子加速器改建成泵浦准分子激光的氟化氪激光器。经过不断改进，到 1996 年初，激光器输出能量达到 276 焦耳，使中国准分子激光研究步入国际先进行列，成为继美、英、日本、苏联之后具有百焦耳级氟化氪激光器的国家，并使原子能院成为我国氟化氪准分子激光技术以及氟化氪激光惯性约束聚变研究的一个重要基地。王淦昌作为中国核武器研制的主要科学技术领导人之一、核武器研究试验工作的开拓者，在从事核武器研制期间，指导并参加了中国原子弹、氢弹研制工作。他是原子弹冷试验技术委员会主任委员，指导了中国第一次地下核试验，领导并具体组织了中国第二、第三次地下核试验。主持指导的爆轰物理试验、炸药工艺、近区核爆炸探测、抗电磁干扰、抗核加固技术和激光模拟核爆炸试验等方面都取得重要成果。

邓稼先——“两弹一星”元勋

1950 年 10 月，他放弃了优越的工作条件和生活环境，和 200 多位专家学者一起回到国内。一到北京，他就同他的老师王淦昌以及彭桓武投入中国近代物理研究所的建设，开设了中国原子核物理理论研究工作的崭新局面。1956 年，邓稼先加入中国共产党。同年与何祚庥、徐建铭、于敏等人合作，在《物理学报》上相继发表了《β 衰变的角关联》《辐射损失对加速器中自由振动的影响》《轻原子核的变形》等论文。为中国核理论研究做出了开拓性工作。

1958 年秋，二机部副部长钱三强找到邓稼先说“国家要放一个‘大炮仗’”，征询他是否愿意参加这项必须严格保密的工作。邓稼先义无反顾地同意，回家对妻子只说自己“要调动工作”，不能再照顾家和孩子，通信也困难。妻子表示支持。从此，邓稼先的名字便在刊物和对外联络中消失，他的身影只出现在严格警卫的深院和大漠戈壁。

1958 年 8 月，邓稼先调到新筹建的核武器研究所任理论部主任，负责领导核武器的理论设计，随后任研究所副所长、所长，核工业部第九研究设计院副院长、院长，核工业部科技委副主任，国防科工委科技委副主任。1959 年，邓稼先根据中央决策“自己动手，从头摸起，准备用 8 年时间搞出原子弹”，选定中子物理、流体力学和高温高压下的物理性质作为研制中国第一颗原子弹的主攻方向。选对主攻方向，是邓稼先为中国原子弹理论设计工作做出的最重要贡献。

1962 年 9 月，由罗瑞卿审定，二机部向中央打了一个“两年规划”的报告，此报告提出争取在 1964 年、最迟在 1965 年上半年爆炸中国的第一颗原子弹。此时，邓稼先和其同事拿出了原子弹理论设计方案，为中国核武器研究奠定了基础。1963 年 2 月，参与并指导了核试验前的轰炸模拟试验。9 月，接聂荣臻元帅命令，邓稼先、于敏率领九院理论部研究原子弹的原班人马，承担中国第一颗氢弹的理论设计任务。

1964 年 10 月，中国成功爆炸的第一颗原子弹，就是由他最后签字确定了设计方案。他还率领研究人员在试验后迅速进入爆炸现场采样，以证实效果。他又同于敏等人投入对氢弹的研究。按照“邓—于方案”，最后终于制成了氢弹，并于原子弹爆炸后的两年零八个月试验成功，创造了世界上最快的速度。

1966 年，在周恩来请示毛泽东后，中央决定，国家研制核武器的基地和人员不能受“文化大革命”冲击，加上他们所处的是军事管制单位，因此“文化大革命”一开始，邓稼先所在的单位和他个人没有受到冲击。正是在这种保护下，邓稼先和一批研制核武器的科学家继续埋头苦干，取得了许多新成就。

1971 年，造反派侵袭九院，许多建立过大功的科学家蒙冤被整，邓稼先和于敏、胡思得等人也被集中到青海基地遭受批斗。有的造反派还在批斗中要求科学家把核武器研究关键数据“交待”出来，这使身处逆境的邓稼先经受了严重的考验。在被批斗时，邓稼先为了不给中国的核武器事业带来巨大损失。他没有说一句违心的话，虽然处境很危险，他却和其他科学家一起，决不把重要科研成果披露一丝一毫。正在此时，杨振宁自美国经巴黎飞抵上海，首次回大陆探亲访问。他开列了在北京要见的人名单，第一个人就是邓稼先，周恩来总理批示要邓稼先回京会见，救出了邓稼先，也解救了一批中国宝贵的科学家。

1972 年，任核工业部第九研究院副院长。1979 年，邓稼先任核工业部第九研究院院长。在一次试验中，他的身体受到辐射影响，但他仍坚持工作，指挥核武器试验。1984 年，被评为国家级有突出贡献专家。是年，他在大漠深处指挥中国第二代新式核武器试验成功；距第一颗原子弹爆炸，整整 20 年，邓稼先指挥他一生中最后的一次核试验。邓稼先高兴地写下：“红云冲天照九霄，千钧核力动地摇。二十年来勇攀后，二代轻舟已过桥。”

朱光亚——我国核事业的“众帅之帅”

1956 年，新中国决定发展自己的原子能事业。这一年，朱光亚参与筹建近代物理研究室（1957 年划归北京大学），担负起为中国培养第一批原子能专业人才的重任。1957 年至 1959 年，任第二机械工业部四〇一所（中国科学院原子能研究所）研究室副主任，参与由原苏联援建的研究反应堆的建设和启动工作，并从事中子物理和反应堆物理研究，发表了《研究性重水反应堆的物理参数的测定》等研究论文。

1959 年 7 月起，朱光亚作为技术总负责人，他参与领导并指导了核武器研制任务的分解、确定研究的主要科学问题和关键技术、选择解决问题的技术途径、设立课题并制定重要攻关课题的实施方案等重要工作。1963 年 9 月，完成首颗原子弹理论设计后，邓稼先、周光召等领导的理论部就在朱光亚、彭桓武安排下开始组织力量进行氢弹理论的探索。

1965 年元月，二机部决定将黄祖洽、于敏带领的这部分力量从原子能所调到核武器研究院。2 月，二机部上报由朱光亚起草的《关于加快核武器发展问题的报告》。在朱光亚和彭桓武的指导下，组织制定了加速突破氢弹技术的科研工作大纲，并把目标设定为先进的能配导弹的热核弹头。经过充分讨论、研究、补充完善，最后综合归纳出两种攻关途径。又经过几个月夜以继日的忘我工作，基本明确了攻关的技术路线。在此基础上，1965 年 8 月，朱光亚组织起草了《关于突破氢弹技术关键问题上的工作安排》，对必须重点解决的理论方案和热核材料制备两个关键问题，尤其是氢弹原理的突破，作了统筹安排部署。在他的支持下，彭桓武、邓稼先领导理论部对氢弹原理进行“多路探索”。

1965 年底，于敏带领的部分科技人员探索到一种新的制造氢弹的理论方案，朱光亚多次与彭桓武、邓稼先等组织专家反复论证，逐步完善了这个方案。同年 12 月，他参与组织了核武器研究院两年科研与生产规划会议，提出突破氢弹原理按两手准备，以新理论方案为主，组织全院理论、实验、设计、生产等各方面力量集中攻关。在抓理论设计的同时，他还亲自部署并指导了热核材料的研制工作。经过各部门的大力协同和艰苦努力，1966 年 12 月 28 日，氢弹原理试验成功，这是中国掌握氢弹技术的重要标志。新原理简便、先进、可行。朱光亚马上组织有关人员分析这次试验的数据，全面展开第一颗全当量氢弹试验的准备工作。1967 年 6 月，朱光亚参与组织领导的中国第一颗氢弹爆炸成功。

1969 年 9 月，朱光亚参与组织指挥中国首次地下核试验，取得成功。中国地下核试验技术取得重大突破，实现了核试验转入地下目标，为核武器技术快速持续发展提供了有力支持。1971 年，刚刚担任国防科委副主任的朱光亚受命参与组织领导中国第一座核电站的筹建工作。在朱光亚的支持下，项目组经过与许多专家共同商讨、论证，逐渐达成了共识，提出了用压水堆的意见，并很快完成了 30 万千瓦压水堆核电站设计方案。

后来的实践证明，压水堆的选择是完全正确的，符合中国实际和世界核电站发展的主流。朱光亚指导了核电站研究、设计任务的分解，以及研究试验和技术攻关项目的开展，特别是对核燃料组件的设计、试验、研制等给予了极大的关心和指导，使核燃料组件得以完全立足于中国国内研制成功。朱光亚亲自参与领导了核电站的踏勘选址，亲赴浙江、江苏、上海多个选点考察，最终于 1982 年选定了浙江省海盐县的秦山厂址。1984 年 2 月，朱光亚主持了秦山核电站扩大初步设计的审批会议，审查批准了扩大初步设计，并对即将开展的工程建设中将要面临的重大关键问题和工程进度等作出了决策。1985 年 3 月，秦山核电站正式开工，设备研制同步进行。1991 年 12 月 15 日，核电站首次并网发电成功，实现了中国核电技术的重大突破。

刘杰——我国核工业的开拓者、奠基人之一

1952 年 8 月，国家决定成立地质部，部长李四光，刘杰任部党组书记、常务副部长，分管铀矿资源勘查。1954 年秋，时任地质部副部长的刘杰和李四光、钱三强三人，带着产自广西的铀矿石标本，向毛主席、周总理汇报。刘杰手持盖革计数器进行探测，放射性物质使仪器发出响声，到会领导人都十分欣喜和兴奋。此后不久，按照周恩来的指示，在国务院第三办公室下设立地质部普查委员会第二办公室，开始铀矿资源的开发工作。在

当年的铀矿地质勘查大会战中，为了能详细了解到铀矿勘查的第一手资料，刘杰和普通技术人员一样，深入野外一线、风餐露宿。

1956 年 4 月，刘杰率领中国原子能代表团，赴莫斯科与苏联政府进行帮助中国建设原子能工业的秘密谈判。在与苏方谈判中，刘杰敏锐地意识到铀浓缩厂是核燃料循环的重要环节。于是向苏方提出我们也要建铀浓缩厂。开始苏方不同意，强调《提纲》上没有这个项目，不能谈。后来承认我方的要求是合乎逻辑的，才同意帮助建铀浓缩厂，并提出正好他们有部分多余的旧小机器，可用来节省建厂时间。经电话请示周总理，同意先接受下来，回来再研究。在苏援的谈判中，争取到铀浓缩厂这个项目，具有特别重要的意义。

1959 年 6 月，苏共中央突然来信，婉拒提供原子弹样品和资料，这是苏联政府在核领域毁约停援的先兆。后经中方多次催促、商谈，仍无进展，直至 1960 年 7 月，苏联撤走全部在华专家，停供所有设备材料。面对停援困难，毛主席在北戴河会议上当即指示："自己动手，从头做起，准备用 8 年时间拿出原子弹。"刘杰在 1962 年提出的制造中国第一颗原子弹两年规划，得到了毛泽东等党和国家领导人的赞同。"两年规划"中提出 1964 年爆炸第一颗原子弹是个总目标和总任务，为了鼓舞士气，二机部决定以苏联撕毁协议时间"1959 年 6 月"作为中国第一颗原子弹工程的代号，激励大家造出中国的"争气弹"。

1964 年 10 月 16 日 15 时，中国第一颗原子弹在新疆罗布泊发出了惊天动地的巨响，现场总指挥是张爱萍，而刘杰在北京负责前后方与中央的联络。在大力研制原子弹的同时，科学家从 1960 年底已开始摸索氢弹原理，当时的二机部刘杰部长、钱三强副部长把研究氢弹的任务交给了在原子能研究所工作的于敏等人。1966 年 12 月 28 日中国第一颗氢弹原理试验成功，1967 年 6 月 17 日上午 7 时，空军徐克江机组驾驶着轰六飞机，成功进行氢弹空投试验。从第一颗原子弹爆炸到第一颗氢弹试验成功，美国用了 7 年零 3 个月，中国用了 2 年零 8 个月。

吴自良——科研报国"链条人"

吴自良在晚年的回忆录《"链条"人日记》中自称"链条人"，在他看来，自己就是祖国的一根链条。他回忆道："原子弹爆炸成功，举国欢腾，我终于松了一口气，总算完成了'链条'人光荣的使命。"

1964年10月16日，中国第一颗原子弹爆炸成功，举国欢腾。可是哪有什么横空出世，不过都是一群抱着"竖着进去横着出来"决心的国防人在负重前行。吴自良用自己的实际行动践行着一代国防人的使命。

1935年高中毕业后，吴自良考入国立北洋工学院的矿冶系，恰逢当时航空事业蓬勃发展，在"航空救国"的热潮中，吴自良凭借优异的成绩转入新成立的航空机械系学习。他后来回忆道："当时校舍比较差，但教师教课非常好，学生学习很用功。"就是在这样的艰苦环境下，他读完了大学。1939年大学毕业后，吴自良经学校推荐，前往垒允飞机制造厂工作，在设计科任设计员。因为当时工厂里的许多工程师是美国人，所以吴自良在学习专业飞机制造知识的同时，还有机会练习英语口语，为日后赴美留学打下语言基础。

1942年，该中央飞机制造厂惨遭日机轰炸，吴自良随工厂撤到昆明，但当时有关方面在组织工厂的重建工作时却告知他：只有加入国民党才可以再续他的航空救国大业。亲眼目睹国民党种种恶行的吴自良掷地有声地回复："宁死也不加入国民党！"

1943年，吴自良自知在当时的体制下，航空救不了国。在大姐的资助下赴美国匹兹堡卡内基理工学院转而学习物理冶金，也正是机缘巧合，为共和国培养了一位"国防人"。

博士期间，他师从X射线晶体学家、物理冶金学家巴瑞特和物理学家斯莫落柯夫斯基。他努力克服专业基础薄弱的困难，一心向学，悉心钻研物理冶金方面的专业知识。1945年，美国成功爆炸了世界上第一颗原子弹，此时还在求学中的吴自良已经坚定了以所学知识报效祖国的决心。

1948 年，吴自良以优异成绩通过题为《片状铝单晶中滑移机制和内耗的关系》的博士论文答辩，顺利取得理学博士学位。博士毕业后，吴自良继续留在卡内基理工学院金属研究所从事博士后研究工作。1949 年应聘到美国锡腊丘斯大学材料系任副研究员，参与主持美国国防部资助的重要科研项目“软钢中阻尼和疲劳”的研究工作，发展前景一片大好。

1949 年 10 月，新中国成立的消息传到美国后，吴自良激动不已，他从未忘记报效祖国，也从未忘记自己心中自强不息、科学救国的梦想。没过多久，吴自良就接到国内老师的来信，希望他可以回国工作。

1950 年年底，学有所成的吴自良带着满腔热忱，冲破美国当局的重重阻挠，毅然放弃美国优厚的物质条件和发展前途，以华侨身份辗转日本、香港后终于回到魂牵梦绕的祖国怀抱。在踏上祖国领土的那一刻，吴自良难掩心中喜悦。

1956 年 4 月，我国正式启动原子弹研发工作。铀-235 是最重要的核燃料，但在天然铀中，铀-235 只占 0.7%，其他都是铀-238。所以要研制原子弹首要任务就是分离铀-238，从而得到浓缩的铀-235。“甲种分离膜”技术成为提炼浓缩铀的关键，而这种被称之为“社会主义阵营安全的心脏”的技术在当时仅有美国、英国和苏联掌握。

1960 年，中苏关系恶化，苏联撤走专家，随之分离膜关键器材也停止供应。周恩来总理及时作出指示：要不惜一切代价，在五六年内攻克这一“心脏”。

1960 年 8 月，经过反复评估，最终将“甲种分离膜的制造技术”的研发任务交给上海冶金研究所。为此，包括上海冶金研究所、沈阳金属所、复旦大学和中科院北京原子能研究所在内的 4 家单位 60 多名专家在上海冶金研究所组成第 10 研究室，集中联合攻关。

时任上海冶金研究所副所长的吴自良担任此项任务的技术总负责人，在当时，很多成员都在 30 岁左右，挑大梁的吴自良也不过 40 岁出头，是一个相当年轻的团队。

吴自良接到任务后，放下筹备许久的项目，全身心投入到“甲种分离膜”的研发工作中来。他先后组织上海市包括冶金、纺织、化工等领域在内的多家单位参与协同，带领大家一起解决制粉、调浆、烧结、机械加工、焊接、后处理等一系列工艺问题，在3年多的时间里，他带领第10研究室攻坚克难，逐一解决分离膜元件研制中的技术难关。

1963年年底，上海冶金研究所终于试制出符合要求的分离膜元件，元件性能甚至超过苏联。功夫不负有心人，“心脏”终被攻破，吴自良和他带领的第10研究室成功了！1964年10月16日，那横空出世的“礼炮”声中，饱含了所有“国防人”对祖国的赤子深情。

由于元件出色的性能，“分离膜”于1965年开始批量生产，经过多年的实际投产，分离膜的使用效果远远超出预期，这项成果在1984年被授予国家发明奖一等奖，1985年又被授予国家科技进步特等奖。1999年，吴自良还获得中共中央、国务院、中央军委授予的“两弹一星”功勋奖章。

2008年5月24日19时45分，91岁的吴自良离开了人世。回顾他的一生，与材料打了一辈子交道，直至生命的最后一刻也未曾停下脚步。他不仅为我国第一颗原子弹成功安装了“心脏”，完成好“链条人”使命，还为我国科研事业注入一生心血，完成好“园丁人”使命。他的谦虚严谨、淡泊名利、无私奉献也影响着青年学人。

宋任穷——我国核事业主要开创者之一

20世纪50年代初，挑选原子弹事业的负责人时，周恩来就对宋任穷抱有厚望。尽管宋任穷只有小学文化，可他勤奋好学，知道要投身原子弹事业，开始自学俄语，在办公室还挂上了元素周期表。随后周恩来请示毛主席，毛主席当即说道：宋任穷同志多次死里逃生忠心耿耿，靠得住！随后批准宋任穷担任第三机械工业部部长，这是我国原子能事业中的主要领导人。刚刚上任的宋任穷，对科学家极其重视，给邓稼先和吴有训等人提供充分的研究空间。

由于原料的缺乏，导致国外科学家大量撤走并且言语打击宋任穷：你们只能守着一堆废铜烂铁。宋任穷时年 50 岁，面对外国人的打击说出豪言壮语：没有你们，我们照样拿下原子弹。没有计算器就用算盘，没有精密加工设备就靠手工处理。1960 年，宋任穷给毛主席当面报告：主席，我们预计在 1964 年可以研制出来。宋任穷说到做到，1964 年 10 月，第一颗原子弹爆炸成功，宋任穷哭着给毛主席打电话：成功了，我们的原子弹爆炸成功了！正是第一颗原子弹的成功爆炸，让外国人对中国科研事业刮目相看，宋任穷也一直坚持到 1992 年，才从岗位上退休下来。

陈芳允——竭诚为国兴，努力不为私

中国科学院院士、“两弹一星”功勋奖章获得者陈芳允是中国卫星测量、控制技术的奠基人之一。

1916 年，陈芳允出生在浙江台州黄岩。年少时，父亲曾几次对他说：“将来不要想做大官，而要做大事。”这对陈芳允后来为人处世有很大影响。

1934 年，他考入清华大学机械系，后转入物理系。抗日战争爆发前夕，陈芳允参加了“一二·九”学生爱国运动，更加坚定了科学救国、振兴民族的理想抱负。毕业后他留校任教，后到航空委员会成都无线电修造厂从事技术工作。

1944 年，陈芳允报考英国的无线电工程，一考即中，一年后前往英国 A.C.Cossor 无线电厂研究室参加雷达研制工作，他是团队中唯一的中国人。1948 年，陈芳允带着满腔热血回到祖国，随后进入中央研究院生理生化所工作，并研制出国内生物电子学方面的第一套电子仪器设备。1952 年，他开始筹建电子学研究所。当时发展原子能技术是中科院的重点工作之一，从苏联回来的钱三强筹建近代物理所（后改称原子能所），力邀陈芳允加入。他带着一部分同事合并到原子能所。在此期间，他参与制定了《1956—1967 年科学技术发展远景规划纲要（修正草案）》（以下简称“十二年科技规划”）。

1957 年，苏联将世界上第一颗人造卫星送入太空后，陈芳允对其进行了无线电多普勒频率测量，还计算出它的运行轨道参数。1958 年，他转向脉冲技术研究，成功研制出国际领先的毫微秒脉冲取样示波器。1963 年，他参加论证并提出我国脉冲鉴别器的试制方案，合作研制出原子弹爆炸测试用的多道脉冲分析器，该仪器在原子弹的爆炸试验中发挥了重要作用。

1964 年，他带领团队又成功研制出我国第一代机载单脉冲雷达，投产后，装备了空军大量歼击机，这是我国第一次在飞机上使用单脉冲体制的雷达。

1965 年，我国第一颗人造地球卫星的研制工作正式启动，陈芳允担任卫星测量总体技术的负责人。当时卫星测量在我国是一个全新的技术领域，对于跟踪观测卫星应该采用哪种手段和方案，我国一点经验也没有，一切从零开始。关于无线电跟踪设备的方案争论激烈，陈芳允没有选择呼声较高的方案，而是根据我国国情与国际上技术的发展趋势，带领技术人员大胆实践，反复论证，不仅主持了技术方案的设计，还参加了设备研制和测量台站的建设工作。

1970 年 4 月 24 日，我国第一颗人造地球卫星“东方红一号”发射升空，由陈芳允主持完成的卫星测量方案非常有效，实现了“抓得住、测得准、报得及时”的目标，在轨道测量精度上与其他国家相比也达到了较高水平，圆满完成了我国第一颗人造地球卫星的测量任务，为我国卫星测控网的建立奠定了基础。

陈芳允是一位善于创新、勇于开拓的科学家，他坚持从中国国情出发，走有中国特色的航天测控发展之路。“东方红一号”发射成功后不久，我国又提出了发射地球同步定点通信卫星的计划。陈芳允经过详细调研和计算，提出用“微波统一测控系统”作为通信卫星发射和定点时的跟踪、测轨、遥测和遥控，这一系统大大节约了卫星载荷的体积和重量，同时也节省了地面设备的规模和投资。1984 年 4 月 8 日，“长征三号”火箭托举中国第一颗同步通信卫星“东方红二号”飞向太空，地面测控系统成功跟踪、测量。它的研制成功，标志着我国航天测控技术开始跻身国际先进行列。

为了适应航天测控技术发展的需要，我国于 1977 年建造了“远望一号”航天远洋测量船。船上多种测量、通信设备间电磁干扰问题严重，陈芳允采取频率分配的办法，使各种设备同时工作而互不干扰，成功解决了“远望一号”电磁兼容的重大技术难题。

20 世纪 80 年代，许多国家都把发展高技术列为国家发展战略的重要组成部分。面对新一轮科技发展潮流，王大珩、王淦昌、杨嘉墀、陈芳允四位科学家向国家提出《关于跟踪研究外国战略性高技术发展的建议》。

1986 年 3 月 3 日，这份建议得到邓小平批示，“863 计划”随后出台，它的实施为中国在世界高科技领域占有一席之地奠定了坚实基础。

陈芳允在 20 世纪 70 年代已经意识到卫星定位关乎国家军事和经济命脉。1983 年，美国将建设中的 GPS 全球卫星导航系统开放民用，他第一时间研究了这个系统，思索符合中国国情的技术方案。

他大胆地提出“双星定位”理论并可同时进行通信的设想，带领课题组研制了“双星定位通信系统”，即利用两颗同步定点卫星进行定位导航，并在 1989 年演示成功。至此，北斗系统初具雏形。2000 年，我国成功发射 2 颗“北斗一号”卫星，让双星有源定位从理论变为现实。“北斗一号”系统利用我国当时的成熟技术，以最小投入、最短周期，实现了卫星导航系统建设的自主可控。

20 世纪 80 年代，国际上兴起微小卫星技术，陈芳允给予了极大关注，并不遗余力地推动该项技术在我国的发展和应用，卫星几乎成为他晚年生活的全部。他还曾写过两首小诗：“四十京兆一技人，爱研求实不爱名，一称专家已过誉，惭愧国人赶超心。”“人生路必曲，仍需立我志，竭诚为国兴，努力不为私。”这也正是他的人生写照。

陈能宽——我国核武器爆轰物理学的开拓者

陈能宽经过多年的科学积累和刻苦钻研，很快进入了爆轰物理的前沿，并逐步开拓了中国的爆轰物理专业。陈能宽率领一支平均年龄只有 20 多岁的攻关队伍，在化工技术、聚合爆轰设计技术、“增压”技术、材料状态方程和相应实验测试技术等多方面取得了重大突破。1963 年，陈能宽相继取得为进行中国第一颗原子弹核试验所必不可少的成果。第一颗原子弹爆炸成功后，他立即又投身于原子弹的武器化和氢弹的攻关工作。在中国两弹及核武器的发展研制工作中，主要领导组织了核装置爆轰物理、炸药和装药物理化学、特种材料及冶金、实验核物理等学科领域的研究工作。

随着原子弹、氢弹相继研制成功，陈能宽把注意力集中在核武器的进一步安全、可靠、小型、轻量等方向上。他通过调研分析，力主开展中国新一代起爆方式；支持不同相态特种材料的充分利用；参与“外套”与“内容物”适配性和相容性研究。他也不放过看似细小却很关键的技术细节，例如金属与炸药的黏结，武器化工程因素对核武器动作的可能影响等。冷态核爆就是不用真正的核爆炸，但又能严格考核核装置在飞行环境下的各项性能。早在设计中国第一个原子弹初期，王淦昌、陈能宽等人就有一项“聚合爆轰波人工热核反应研究”的物理成果。这一成果也包括一种可能途径，即通过非活性材料的爆轰，来判定换上活性材料后能否实施正常的核爆炸。

然而，要把这一思想应用于体积严格受到限制的弹头上，需要设计特殊的遥测系统，这是一个规模不小的工程。陈能宽是主管武器研制的副院长，他与龙文光、俞大光等带领一批工程师和电子学家，组成攻关队伍，历经十余春秋，完成研制工作。20 世纪 70—80 年代，中国核导弹从近程、中程一直到洲际，都改用这种新方法来获取定型数据。陈能宽带领摸索出的一整套冷试验的物理思想、方法、技术途径直至工作制度，是一种行之有效的科学实验方法。

周光召——我国核武器理论设计奠基人

1960 年，苏联撤走最后一批专家。1961 年，时年 32 岁的周光召刚从苏联回国，马上被调到二机部。他仔细检查了原子弹方程式计算的九次计算结果，认为计算并没有问题，便开始着手推翻苏联数据的可靠性。经过连续多日的仔细研究，最后他用“最大功”原理反证了苏联数据有误，该原理证明了爆炸后不可能达到这样大的压力。

周光召以一己之力结束了这一年的争论，扫清了原子弹研制过程中的一个障碍，这也是他为第一颗原子弹的突破作出的重要贡献，1962 年底，周光召协助邓稼先完成并提交了中国第一颗原子弹的理论设计方案。1964 年 10 月 15 日，中国原子弹试爆前夜，一份急电从基地罗布泊发到北京，电文称突然发现一种材料中的杂质超过原来的设计要求。于是，周光召所在的理论小组连夜组织运算，彻夜不眠，直至第二天上午，他将一份计算报告呈送到周恩来总理面前：“经计算，我国第一颗原子弹爆炸试验的失败率小于万分之一。”当日下午 3 时，中国的第一颗原子弹爆炸成功。

钱三强——我国原子能科学事业的开拓者和奠基人

1956 年 11 月 16 日，第一届全国人大常委会决定，成立主管原子能工业的第三机械工业部（1958 年 2 月 11 日改为二机部），宋任穷任部长，钱三强与刘杰、袁成隆、刘伟、雷荣天等被任命为副部长，他是副部长之中唯一的科学家。1958 年，参加了苏联援助的原子反应堆的建设，并汇聚了一大批核科学家（包括他的夫人何泽慧），他还将邓稼先等推荐到研制核武器的队伍中。

钱三强于 20 世纪 50 年代领导建成中国第一个重水型原子反应堆和第一台回旋加速器，以及一批重要仪器设备。使中国的堆物理、堆工程技术、钎化学放射生物学、放射性同位素制备、高能加速器技术、受控热核聚变等科研工作，都先后开展起来。在苏联政府停止对中国技术援助后，一方面迅速选调一批核科技专家去二机部，直接负责原子弹研制中各个环节的攻坚任务，一方面会同中国科学院有关领导人，组织联合攻关。使许多关键技术得到及时解决，为第一颗原子弹和氢弹的研制成功作出一定的贡献。早在 1960 年，即在原子能所组织中子物理理论与实验两个研究组开展氢弹的预研工作，为氢弹研制作了理论准备，促成了中国在第一颗原子弹爆炸后仅两年零八个月，就研制成氢弹。

郭永怀——我国研制“两弹一星”科学家群体中唯一获得“烈士”称号的科学家

1960 年 7 月，苏联政府又照会中国政府决定撤走在华的核工业系统的全部专家，随后停止供应一切技术设备和资料。苏联的单方面撕毁协定和合同，给刚刚起步的中国核工业带来意想不到的困难。郭永怀临危受命，他与王淦昌、彭桓武形成了中国核武器研究最初的“三大支柱”。1963 年，为了加快核武器的研制步伐，党中央决定将集中在北京的专业科研队伍迁往在青海新建的核武器研制基地。

1964 年 10 月 16 日下午 3 时，中国第一颗原子弹试验成功。1965 年 9 月，中国第一颗人造卫星的研制工作再次启动，郭永怀受命参与“东方红”卫星本体及返回卫星回地研究的组织领导工作。1967 年，郭永怀参加了空气动力学研究院的筹建工作，担任主管技术工作的副组长。他首先就空气动力学研究院的服务对象、研究手段、重点设备、测试方法等提出了建议，并和钱学森一起为该院规划了蓝图，为以后空气动力学研究发展中心的建设奠定了基础；为了发展中国的“两弹”事业，郭永怀更是呕心沥血，从理论到实践都作出了重要贡献，他多次赴现场参加准备工作。中国开始研制核武器时，他负责动力项目研究。提出了“铁条包布”的设计思想，为核武器真正武器化作出贡献。

郭永怀还负责指导反潜核武器的水中爆炸力学和水动力学等相关技术

的研究工作。此外，在潜地导弹、地空导弹、氢氧火箭发动机和反导系统的研究试验中，他都作出了巨大贡献。1968 年 10 月 3 日，郭永怀又一次来到试验基地，为中国第一颗导弹热核武器的发射以及从事试验前的准备工作。1968 年 12 月 4 日，在青海基地整整呆了两个多月的郭永怀，在试验中发现了一个重要线索。他急着赶回北京，就争分夺秒地要人抓紧联系飞机。他匆匆地从青海基地赶到兰州，在兰州换乘飞机的间隙里，他还认真听取了课题组人员的情况汇报。当夜幕降临的时候，郭永怀拖着疲惫的身体登上了赶赴北京的飞机。5 日凌晨，飞机在首都机场徐徐降落。在离地面 400 多米的时候，飞机突然失去平衡，坠毁在 1 千米以外的玉米地里。1968 年 12 月 25 日，中央授予他烈士称号。同日，中国第一颗热核导弹试验获得成功。

彭桓武——领导并参加了原子弹、氢弹的原理突破

从 20 世纪 50 年代中期开始，彭桓武参与和领导了中国原子能物理和原子弹、氢弹以及战略核武器的理论研究和设计。他在中子物理、辐射流体力学、凝聚态物理、爆轰物理等多个学科领域取得了重要成果，对分子结构提出过新的处理方法，在量子多体问题研究中提出了自洽场的推广理论。彭桓武是核潜艇动力方案的领导者；领导和参加了原子弹设计方案的制定；领导和参加了氢弹的原理设计和试验；参加了中国第一次地下核试验的理论领导工作。

程开甲——我国核武器事业的开拓者

20 世纪 60 年代，程开甲建立发展了中国核爆炸理论，系统阐明了大气层核爆炸和地下核爆炸过程的物理现象及其产生、发展规律，并在历次核试验中不断验证完善，成为中国核试验总体设计、安全论证、测试诊断和效应研究的重要依据。以该理论为指导，创立了核爆炸效应研究领域，建立完善不同方式核试验的技术路线、安全规范和技术措施；领导并推进了

中国核试验技术体系的建立和科学发展，指导建立核试验测试诊断的基本框架，研究解决核试验的关键技术难题，满足了不断提高的核试验需求，支持了中国核武器设计改进和作战运用。

20 世纪 80 年代，程开甲开创了中国抗辐射加固技术研究领域。在他领导下，系统开展了核爆辐射环境、电子元器件与系统的抗辐射加固原理、方法和技术研究，利用核试验提供的辐射场进行辐射效应和加固方法的研究；指导建设先进的实验模拟条件，推动中国自行设计、建造核辐射模拟设施，开展基础理论和实验研究，促进了中国抗辐射加固技术的持续发展，为提升中国战略武器的生存与突防能力提供了技术支撑。

上榜人员（57 人）

1. 丁大钊：领导轻核反应组为氢弹研制作出重要贡献。
2. 于俊崇：研制成功新一代核动力。
3. 马福邦：推动我国第一座重水实验堆的建造、消化吸收和改进。
4. 王乃彦：我国粒子束惯性约束聚变研究的开辟者之一。
5. 王介福：领导组织建成我国第一座铀浓缩厂。
6. 王方定：成功研制出第一颗原子弹点火中子源。
7. 王承书：我国铀同位素分离理论奠基人。
8. 文功元：为我国自主核电建设作出重要贡献。
9. 叶奇蓁：以我为主，中外合作，自主设计建造成功我国首座大型商用核电站。
10. 刘广均：我国铀同位素分离专业创始人之一。
11. 阮可强：作为物理设计负责人研制成功微型反应堆。
12. 孙玉发：我国反应堆工程设计研发领域学科带头人。
13. 孙金水：为中核华兴发展成建工系统的龙头企业打下坚实基础。
14. 杜祥琬：为氢弹研制和核武器的发展作出重要贡献。

15. 李正武：我国磁约束核聚变奠基人之一。

16. 李觉：二二一基地主要创建者。

17. 李冠兴：我国新型特种材料研发及应用的奠基人。

18. 李德平：我国辐射防护领域、辐射探测技术的主要开拓者之一。

19. 杨承宗：我国放射化学开创者、奠基者之一。

20. 杨澄中：领导建立了我国第一台质子静电加速器和高压倍加器。

21. 肖伦：我国放射性同位素事业的开创者之一。

22. 吴有训：我国近代物理学研究的开拓者和奠基人之一。

23. 吴际霖：我国核武器研制的主要奠基人之一。

24. 吴征铠：领导完成具有我国特色的六氟化铀简法生产工艺研究。

25. 何泽慧：在领导建设中子物理实验室、高山宇宙线观察站等方面作出重要贡献。

26. 汪家鼎：为我国第一座核燃料后处理厂建设提供了设计基础和运行依据。

27. 汪德熙：我国核化学化工事业主要奠基人之一，核工业研究生部创始人。

28. 张同星：把骨灰撒在大漠戈壁的一线科研工作者。

29. 张沛霖：在原子弹、氢弹核材料的研制和指导生产堆燃料元件的技术攻关中作出重要贡献。

30. 张焕乔：为我国第一台中子晶体谱仪和第一台中子衍射仪的建立作出重要贡献。

31. 陈念念：主持研制成功我国第一代具有自主知识产权的先进专用设备。

32. 陈肇博：为我国铀地质勘探以及对俄核能合作作出重要贡献。

33. 欧阳予：我国第一座自行设计建成的秦山核电站总设计师。

34. 周永茂：领导了民用微堆的开发、利用。

35. 周邦新：我国核材料和核燃料元件领域著名科学家和学科带头人之一。

36. 周秩：我国核工业四 0 四厂主要创建者。

37. 赵仁恺：我国核动力科学与工程研究设计的奠基人和开拓者之一。

38. 赵宏：领导完成我国第一座核电站和第一座出口核电站的建设任务。

39. 赵忠尧：我国原子核物理、中子物理、加速器和宇宙线研究的先驱者和奠基人之一。

40. 胡仁宇：组织领导了我国 6 次核试验。

41. 胡思得：在物态方程、内爆动力学和核武器物理设计等方面做了开创性研究工作。

42. 昝云龙：我国核电事业发展的主要推动和参与者之一。

43. 姜圣阶：为我国“两弹”及时提供合格的核燃料与核心部件作出重要贡献。

44. 原公浦：完成我国第一颗原子弹的“心脏”——铀球的精细加工。

45. 钱绍钧：作为技术负责人参加了多次核试验的放射化学诊断工作。

46. 钱皋韵：我国分离膜研制的创始人之一。

47. 徐銤：我国快堆事业的开拓者和奠基人之一。

48. 黄劭显：我国铀矿地质事业的创建人之一。

49. 黄胜年：在中子物理与裂变物理领域做了大量开创性的系统研究工作。

50. 黄祖洽：我国核武器理论研究和设计的主要学术带头人之一。

51. 曹本熹：有效推动我国核燃料化工生产的工程建设、顺利投产和技术改造。

52. 彭士禄：我国第一任核潜艇总设计师。

53. 葛昌纯：成功研制出生产铀-235 浓缩铀的分离膜。

54. 蒋心雄：在核工业产业结构调整改革和核电建设及走出去方面作出

重要贡献。

55. 樊明武：研制的 30 MeV 强流回旋加速器被评为 1996 年全国十大科技事件之一。

56. 潘自强：奠定了我国放射性废物安全管理的基础。

57. 戴传曾：为建立我国核电安全研究体系作出突出贡献。

附录二　导师介绍

刘云海，男，1976年6月生，广东揭西人，博士、教授、博士生导师，现任东华理工大学副校长。1997年毕业于华东地质学院工业分析专业并留校任教。2003年获中山大学理学硕士学位，2008年获武汉大学理学博士学位，2010年破格晋升教授，2017年9月至12月赴加拿大阿尔伯塔大学访学。历任化学生物与材料科学学院副院长、院长，科技处处长，国防科技学院院长等职，2011年至2013年在国家原子能机构（CAEA）国际合作协调委员会秘书局任高级项目官员。

研究领域：长期从事核化学与放射化学、核燃料循环与材料等领域的教学与科研工作。近年来主要从事放射性核素吸附分离新材料、放射性核素污染治理研究。

研究成果：主持国家自然科学基金4项，发表学术论文50余篇，科研成果获江西省自然科学一等奖、二等奖、三等奖各1项。教学成果获江西省教学成果一等奖、二等奖各1项。获得2013年度江西省青年五四奖章，入选江西省主要学科学术与技术带头人计划、江西省百千万人才工程、国土资源部杰出青年科技人才培养计划。兼任江西省核学会副理事长，中国核学会（化学会）核化学与放射化学分会委员，中国核学会核化工分会理事，《核化学与放射化学》期刊编委。

花榕，博士，教授，博士生导师，青年井冈学者（2019），全国高校黄大年式教师团队（2022）、省优势创新团队核心成员（2022），江西省核学会（2022）、锕系元素物理化学学会理事（2022），绿色矿山联盟青委会委员（2020），绿色矿山促进会高级专家（2020）。主要从事铀矿及伴生资源开发、放射性环境治理、核素迁移等科研、教学工作。开发铀铼同采技术，在天山铀业建成示范，在内蒙古完成资源评价，获得绿色矿山科技二等奖（2019）和青年科技奖（2020）；开发优溶渣铀、钍、稀土资源回收技术，建成年处理 2 000 吨平台，完成年处理 15 000 吨工艺包设计，为中广核开发国内首个铀矿水冶工艺，通过鉴定并与中核集团达成推广意向，获得中国核能行业协会科技三等奖（2017）和优秀创新青年人物（2020），参加并获全国博士后创新赛铜奖和全国优秀创新创业博士后荣誉（2021）。完成氚、锝、硒等在黏土岩中迁移研究，为我国处置库安全评价奠定基础。累计完成国家/省部级项目 50 余项，发表论文 70 余篇，专著 1 部，获专利 6 项，软著 4 项。当前主持在研核能开发项目 1 项（1 470 万元）、江西省自然科学基金重点项目 1 项（20 万元）、中国铀业—核资源与环境国家重点实验室研究基金 1 项（30 万元）。创新“核”特色化学化工双创人才培养，获国家教学成果二等奖 1 项（2023）、江西省教学成果一、二等奖各 1 项（2014 年、2019 年）。主持在研江西省教改重点项目 1 项，承担校级研究生核心课程和思政示范课程建设各 1 项。重视学生第二课堂培养，指导博士、硕士、本科生曾获互联网+、挑战杯等国家/省部级金、银、铜奖多项。

研究方向：铀矿及伴生资源综合开发、放射性环境治理、核素迁移。

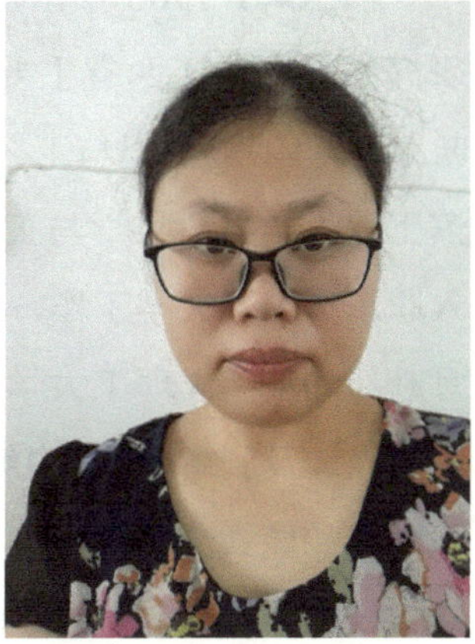

耿彦霞，女，1979 年 8 月生，兰州大学博士。

研究领域：放射性核素的环境行为研究，海水提铀，辐射防护材料开发与应用。主要承担和参与科研项目有：新型离子印迹聚合物的制备及其在放射性核素提取中的应用研究（放射性地质与勘探技术国防重点学科实验室开放基金）、江西相山铀尾矿库中铀钍镉铅复合污染羽流的溯源解析及其环境活性，国家自然科学基金项目、从难处理钽铌矿渣中综合回收多种有价金属元素的理论与应用，国家自然科学基金项目等。发表论文 SCI 收录论文 10 多篇，专利 1 项。

王云，男，博士，副教授，硕士生导师。2015 年获四川大学核燃料循环与材料专业工学博士学位，2020 年赴新加坡南洋理工大学访学一年。主要从事核化工与核燃料工程专业的教学以及放射性核素吸附分离与污染治理等领域的科研工作，主持国家自然科学基金 3 项、江西省自然科学基金项目 2 项，发表学术论文 60 余篇。获得 2020 年和 2015 年江西省自然科学奖三等奖、2016 年中国产学研合作创新成果二等奖。兼任《湿法冶金》期刊青年编委。

主要讲授本科生课程《化工机械》《化工原理》等；博士生课程《先进核燃料循环专题》。主持国家、省级科研项目 5 项，发表代表性学术论文 14 篇。

柳玉辉，1986年出生，博士，副教授，硕士研究生导师，江西省主要学科学术带头人。齐齐哈尔大学化学工程与工艺专业本、硕毕业，哈尔滨工程大学材料科学与工程博士毕业。2018年后入职东华理工大学工作，2022年2月至2023年3月赴新加坡南洋理工大学访学。主要从事功能性材料的设计及制备、熔盐电解法乏燃料干法后处理技术研究和核素分离与富集研究和指导研究生。发表学术论文30余篇、授权国家发明专利5项，其中转化1项。先后主持国家自然科学青年基金、国家自然科学地区基金、江西省科技厅青年项目、核资源与环境国家重点实验室项目，江西省厅级项目10余项。2022年入选江西省主要学科学术与技术带头人计划。参与了国家自然科学基金面上项目和地区基金项目7项，中央军委装备发展部项目1项，以及省部级科研项目2项。

研究领域：长期从事核化学与放射化学、核燃料循环与材料等领域的教学与科研工作。目前的研究方向包括功能性材料的设计及制备、熔盐电解法乏燃料干法后处理技术研究、第一性原理DFT理论计算和核素分离与富集。

王长福，1988年出生，博士，讲师，硕士研究生导师。2008—2012年在东华理工大学核化工与核燃料工程专业本科学习，2013—2016年在东华理工大学化学专业研究生学习，2019年获中国原子能科学研究院核燃料循环与材料专业博士学位，2019年7月进入东华理工大学工作。主要从事放射性废物处理与处置技术研究和指导研究生。先后主持江西省教育厅重点基金及其他项目2项。

研究领域：放射性废物处理与处置（玻璃固化）。

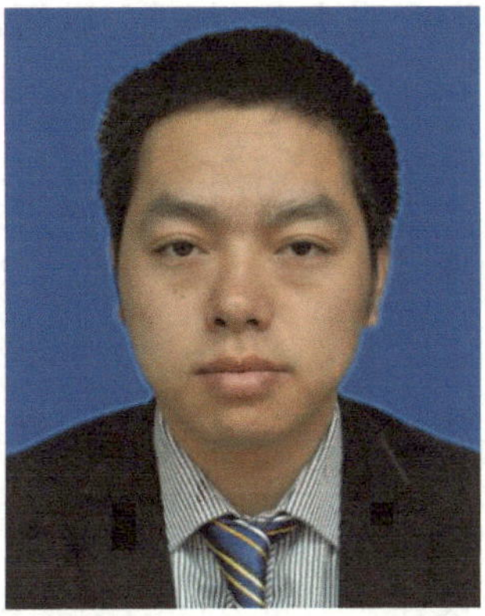

程仲平，1991年出生，博士，讲师，硕士研究生导师。2009—2013在东华理工大学应用化学专业本科学习，2019年获核燃料循环与材料专业博士学位，2019年后入东华理工大学工作。主要从事半导体材料光催化还原U（VI）、DFT理论计算研究和指导研究生。在国内外学术期刊和国际会议上发表学术论文若干。主持江西省教育厅项目1项、主持横向课题1项。

研究领域：目前的研究方向包括半导体材料光催化还原U（VI）、DFT理论计算。

任鹏，1985年出生，博士（后），副教授，硕士研究生导师。2005—2009年在兰州大学应用化学专业本科学习，2012—2017在兰州大学放射化学硕博连读，2017年获放射化学专业博士学位，2017年后入东华理工大学工作，同时于2019年1月—2021年8月在中国高能物理研究所从事在职博士后研究。主要从事有机配体的设计与制备、放射性核素的萃取分离以及有机配体与核素的配位化学行为研究和指导研究生。在国内外知名学术期刊和国际会议上发表数十篇学术论文。先后主持国家自然科学青年基金和江西省教育厅项目2项。

研究领域：目前的研究方向包括从事有机配体的设计与制备、放射性核素的萃取分离以及有机配体与核素的配位化学行为研究。

张小龙，博士，讲师，硕士研究生导师。1989年生于河南焦作。2012年毕业于兰州大学化学化工学院，2019年在兰州大学获高分子化学与物理专业理学博士学位。2019年7月加入东华理工大学，2021—2023年任核科学与工程学院研究生辅导员。近年来在高分子化学和生物医用高分子材料技术领域从事研究，如利用可控聚合设计和制备智能药物载体材料，并通过体外细胞实验和体内动物实验评价其疗效。共发表学术论文19篇。

研究领域：目前的研究方向包括药物控制释放（包括化药、中子捕获治疗药物等）、肿瘤光学治疗、核能纳米技术。

王芝芬，1988年出生，博士，讲师，硕士研究生导师。2014—2017在中国原子能科学研究院核燃料循环专业学习，2017年获核燃料循环专业博士学位，2017年后入东华理工大学工作。主要从事核素迁移研究和指导研究生。在国内外学术期刊和国际会议上发表多篇学术论文。主持江西省教育厅科学技术研究项目和江西省质谱科学与仪器重点实验室项目。

研究领域：目前的研究方向包括核素迁移、材料吸附等方向。

王未然，1989 年出生，博士，讲师，硕士研究生导师。2019 年毕业于北京理工大学，获化学工程与技术专业博士学位，同年入东华理工大学工作。主要从事核素富集与分离、材料合成研究方向。在国内外学术期刊上发表数篇学术论文，主持国家级项目 1 项。

研究领域：目前的研究方向包括核素富集与分离、材料合成。

王有群，1988 年 7 月出生，博士，讲师，硕士研究生导师。2006—2010 年在东华理工大学应用化学专业本科学习，2016 年 7 月获中国原子能科学研究院核燃料循环与材料专业博士学位，2016 年 8 月进入东华理工大学工作。主要从事核化学与核化工研究和指导研究生。在国内外学术期刊和国际会议上发表数十篇学术论文。先后主持国家自然科学基金、江西省自然科学基金、江西省教育厅项目和核资源与环境国家重点实验室开放基金多项。

研究领域：目前的研究方向包括熔盐电化学、环境放射化学等。

李阳，实验师，兰州大学核科学与技术专业博士在读。2014 年获得四川大学应用化学学士学位，2017 年获兰州大学放射化学硕士学位。主要从事核化工与核燃料工程专业的理论实践教学，以及功能性有机聚合物的设计制备以及关键放射性核素分离等领域的科研工作，先后主持和参与重点实验室基金项目、江西省自然科学基金项目、国家自然科学基金项目、国防基础科研项目等项目十余项，参与发表学术论文 30 余篇。2021 年荣获东华理工大学青年教师讲课比赛一等奖、2018 年荣获绿色矿山科学技术进步二等奖、获东华理工大学教学成果二等奖，首届全省党务技能大赛二等奖，指导学生参加挑战杯等竞赛项目多次获得省级以上奖励。

于涛，1979 年出生，博士，副教授，硕士研究生导师。1996—2000 年在甘肃工业大学化工工艺专业本科学习，2012 年获放射化学专业博士学位，2000 年入东华理工大学工作。主要从事环境放射化学的研究和指导研究生。在国内外学术期刊和国际会议上发表 30 余篇学术论文。先后主持国家自然科学基金 1 项，江西省自然科学基金 2 项。

研究领域：目前的研究方向包括改性材料对放射性核素的吸附分离研究、放射性核素在环境中的存在形态分布研究。

王英财，1987年出生，博士，讲师，硕士研究生导师。2012—2018在哈尔滨工程大学材料科学与工程硕博研究生学习，2018年获工学博士学位，2018—2019 在清华大学核研院访学一年。2018年后入东华理工大学工作。主要从事环境放射化学以及乏燃料后处理研究和指导研究生。在国内外学术期刊上发表SCI论文30余篇，其中一作或者通讯作者16篇。先后主持国家自然科学基金/江西省级项目/横向项目等项目7项。

研究领域：目前的研究方向包括乏燃料干法后处理、镧锕分离、电化学等。

附录三　核化工与核燃料工程专业本科人才培养方案（卓越工程师计划）（修订版）

专业代码：082204

一、专业简介

核化工与核燃料工程专业是在秉承学校铀矿水文、地质、分析的学科优势的基础上，为适应国防事业和核工业发展需要，于2007年建立并招生。该专业属于江西省一流专业、国防紧缺专业，并于2014年入选江西省“卓越工程师教育培养计划”试点专业，2020年获批江西省一流专业。

专业所在的学科拥有核科学与技术一级学科博士点和硕士点，江西省“十五”“十一五”重点学科、“十二五”高水平学科，“十三五”国家国防特色学科。专业共享国内唯一的核资源与环境国家重点实验室，国际原子能机构参比实验室—分析测试中心，放射性地学国家级实验教学示范中心等7个国家与省部级实验室；建有核工程技术江西省实验教学示范中心，核燃料与核化工研究所（校内专业实习基地），下辖10余个功能实验室；拥有功能完善的专业实习基地15个。

核化工与核燃料工程专业秉承“强核报国、创新奉献”的新时代核工业精神，形成以“化工”为血液，以“核”为心脏，以“工程实践”为血管的专业特色，以“省一流专业”和“卓越工程师”计划为推动力，注重强化学生的工程观念、工程实践能力、工程设计能力、计算机应用和创新实践能力，以培养适应国家核燃料循环全产业链及化学、化工领域经济建设需要，具有国际交流能力的人才为目标。核化工与核燃料工程专业每年招生人数约 40 人，在校学生近 200 人。毕业生具备坚实的化学化工基础，扎实的核化工与核燃料工程专业本领和过硬的工程实践能力。毕业生在用人单位积累了良好的口碑，树立了下得去，留得住，有所为的良好形象，大部分学生已经成为核工业系统的技术骨干或管理精英。

二、培养目标

本专业通过提供自然科学基础、化学、化工及核化工基础理论，核燃料循环产业相关的基本训练，使学生具有宽厚的化学化工基础理论和扎实的核燃料与核化工的专门知识，能在核化工工业领域及相关化学、化工领域从事研究、设计、应用和管理方面工作的创新应用型高素质专门人才。

预期工作五年以上的毕业生有以下发展。

1. 能够在核及化学、化工类行业企业、科研院所、辐射环境以及放射医学等单位部门成功开展设计与开发、运行、维护、经营和管理等涉核工作，适应独立和团队工作环境。

2. 能够在核燃料循环全产业链中，理解和解决核化工工程与技术的实践问题。

3. 能够通过终身学习适应核能与核技术的发展，在核燃料循环、化学、化工领域具有职场竞争力；也能通过终身学习，适应社会需求的变化，在其他跨专业领域具有职场竞争力。

三、毕业要求

本专业学生主要学习自然科学基础、核化工、化学、化工的的基础知识，接受良好的人文素养、科学思维和科学实验的教育与训练，掌握从事本专业领域的设计、研发、工程、生产、管理等方面工作的基本能力，培养德智体美劳全面发展的社会主义建设者和接班人。毕业生应获得以下几方面的知识、能力和素质。

（一）本专业培养的人才以德育为先，同时应具备如下知识、能力和素质要求（各专业根据专业特点制定相应的要求）

1. 德育要求（非思政类课程支持思政指标点矩阵表，见表 1）

1） 坚定理想信念，树立正确的世界观、人生观、价值观。

2） 能够自觉地健全法治意识、诚信意识，倡导集体主义与团队拼搏的精神，具有良好的思想品德、社会公德和职业道德。

3） 具有较强的责任感与历史使命感，爱国奉献、求真务实、自强不息、奋发向上、勇于探索。

2. 知识要求

1） 具有扎实的自然科学基础，优良的人文、艺术和社会科学基础。

2） 系统掌握核化工与核燃料工程专业领域的基本理论和方法，了解本学科发展动态和趋势、熟悉相近学科和交叉学科的相关知识。

3） 掌握本专业必需的制图、计算与设计、文献检索与分析等基本技能，并具有较强的计算机应用能力。

4） 了解核化工与核燃料工程及国防安全等领域的重要法律、法规、标准和导则。

3. 能力要求

1） 能够应用所学的基础理论知识与方法，理解并解决在核化工与核燃料工程领域中所涉及的工程技术、管理服务等问题。

2） 能够在其专业领域中具有很好的中英文沟通、表达与写作能力。

3） 能够具有设计、操作、运行各种核化工相关专业实验的基本技能，并且具有对实验结果进行科学分析的能力。

4） 具有自主学习和终身学习的意识，有不断学习和适应发展的能力；

4. 素质要求

1） 能够坚持健康第一，学习和体育锻炼协调发展，在体育锻炼中享受乐趣、增强体质、健全人格、锤炼意志。

2）能够弘扬中华美育精神，提高审美情趣和人文素养，陶冶高尚情操，塑造美好心灵，增强文化自信。

3）能够树立正确的劳动观，崇尚劳动、尊重劳动，增强对劳动人民的感情，报效国家，奉献社会。

4）能够就核化工与核燃料循环领域的专业问题与业界同行及社会公众进行有效沟通和交流，并具备一定的国际视野，能够在跨文化背景下进行沟通和交流。

表1　非思政类课程支撑思政指标点的关系矩阵

课程信息		思政指标点（各专业可以根据专业特色进行增减）					
	课程名称	1	2	3	4	5	6
		理想信念	人生观、价值观	道德修养	爱国主义为核心的民族精神	改革创新为核心的时代精神	科学思维方法的培养
课程模块	军事理论与国家安全	▲	▲		▲		
	大学英语（Ⅰ）			▲			
	大学英语（Ⅱ）			▲			
	大学进阶英语			▲			
	大学计算机基础					▲	
	大学体育（Ⅰ）				▲		
	大学体育（Ⅱ）				▲		
	大学体育（Ⅲ）				▲		
	大学体育（Ⅳ）				▲		
	大学生创新创业基础			▲		▲	
	大学生职业发展与就业指导（Ⅰ）	▲	▲				
	大学生职业发展与就业指导（Ⅱ）	▲	▲				
	大学生职业发展与就业指导（Ⅲ）	▲	▲				
	劳动教育		▲	▲	▲		

续表

课程信息		思政指标点（各专业可以根据专业特色进行增减）					
	课程名称	1	2	3	4	5	6
		理想信念	人生观、价值观	道德修养	爱国主义为核心的民族精神	改革创新为核心的时代精神	科学思维方法的培养
课程模块	大学拓展英语			▲			
	大学生心理健康教育		▲				
	美育类课程		▲	▲	▲		
	公共选修课（含校本特色课程、四史教育与红色文化、人文社科类、自然科学类、艺术体育类、环境与安全类课程等）	▲	▲	▲	▲	▲	
专业教育课程	高等数学（BI）				▲	▲	▲
	高等数学（BII）				▲	▲	▲
	线性代数					▲	▲
	概率论与数理统计					▲	▲
	工程制图					▲	▲
	高级语言程序设计（C）					▲	▲
	大学物理（BI）				▲	▲	▲
	大学物理（BII）				▲	▲	▲
	大学物理实验（B）					▲	
	项目管理						
	核化工与核燃料工程专业导论	▲	▲	▲	▲		
	无机化学及分析化学			▲		▲	▲
	物理化学					▲	▲
	有机化学					▲	▲
	化工机械					▲	▲

续表

课程信息		思政指标点（各专业可以根据专业特色进行增减）					
	课程名称	1	2	3	4	5	6
		理想信念	人生观、价值观	道德修养	爱国主义为核心的民族精神	改革创新为核心的时代精神	科学思维方法的培养
专业教育课程	原子核物理					▲	▲
	放射化学		▲	▲			▲
	核燃料工艺学					▲	▲
	核燃料后处理工程					▲	▲
	化工原理					▲	▲
	核应急与核安全法律法规			▲	▲		
	核辐射测量与防护			▲			▲
	核电子学与核仪器						
	专业实验 I（放射化学、化工类）					▲	
	专业实验 II（核辐射测量类）					▲	
	化工原理实验					▲	
集中实践教育课程	军事技能训练				▲		
	工程训练与金工实习		▲				
	劳动实践周		▲	▲			
	认识实习			▲			
	生产实习			▲			
	化工单元课程设计					▲	▲
	核化工专业综合课程设计					▲	▲
	毕业实习			▲			
	毕业设计（论文）					▲	▲

续表

课程信息		思政指标点（各专业可以根据专业特色进行增减）					
	课程名称	1	2	3	4	5	6
		理想信念	人生观、价值观	道德修养	爱国主义为核心的民族精神	改革创新为核心的时代精神	科学思维方法的培养
多元化培养课程	核化工科技创新理论与实践			▲	▲		▲
	第二课堂（课外科技活动等）			▲		▲	▲
	核化工仪表及自动化					▲	▲
	专业英语	▲	▲		▲		
	核技术应用					▲	▲
	核环境学基础			▲	▲		
	核化工软件基础					▲	
	核化工工程模拟与仿真					▲	▲
	核材料导论					▲	
	铀矿冶分析					▲	▲
	化工设计					▲	
	同位素分离原理					▲	▲
	核设施退役工程			▲		▲	▲
	放射性废物处理与处置			▲		▲	▲

说明：表中用“▲”表示课程对思政指标点的显著支撑。

注：

理想信念：信仰马克思主义、中国特色社会主义共同理想、共产主义远大理想；

人生观、价值观：服务人民，奉献社会，社会主义核心价值观；

道德修养：社会公德（文明礼貌、助人为乐、爱护公物、保护环境、遵纪守法）、职业道德（爱岗敬业、诚实守信、办事公道、服务群众、奉献社会）、家庭美满（人格平等、承担责任、相亲相爱、尊老爱幼、男女平等、夫妻和睦、勤俭持家、邻里团结）、个人品德（爱国奉献、明礼守法、厚德仁爱、正直善良、勤劳勇敢）；

爱国主义为核心的民族精神：爱国主义（爱祖国大好河山、爱自己的骨肉同胞、爱祖国的灿烂文化、爱自己的国家）、民族精神（创造精神、奋斗精神、团结精神、梦想精神）；

改革创新为核心的时代精神：改革创新（突破陈规、大胆探索、敢于创造；不甘落后、奋勇争先、追求进步、坚韧不拔、自强不息、锐意进取）、时代精神（价值追求、职业品格、科学精神、英雄情怀）。

（二）本专业对学生的毕业要求具体内容如下（以工科类为例，各专业应根据专业认证标准对毕业要求进行分解）

1. 工程知识

具备从事核化工与核燃料工程领域工作所需的数学、自然科学、工程基础和专业知识，能够用于解决复杂工程问题。

毕业要求 1-1：掌握扎实的核化工与核燃料工程领域相关的数学、自然科学知识和化学工程、工程制图、电工电子技术等工程基础知识。

毕业要求 1-2：能运用数学、物理学等自然科学知识和工程化学、工程制图、电工电子技术等工程基础知识表述核化工与核燃料工程中的专业问题。

毕业要求 1-3：掌握核化工与核燃料工程领域的基本概念、原理、方法和数学模型，并能够将所学知识用于解决核燃料化学化工、化工领域的复杂工程问题。

2. 问题分析

能够运用数学、自然科学和工程技术的基本原理，识别和表达核化工与核燃料工程领域相关的复杂工程问题，并通过文献研究分析以获得有效结论。

毕业要求 2-1：能够针对核燃料开发利用、乏燃料后处理、放射性废物处理与处置、核辐射防护等复杂工程问题应用自然科学和工程科学的基本原理进行识别和分解。

毕业要求 2-2：能对核化工与核燃料工程领域复杂工程问题进行合理精确的刻画和表达，选择适当的解决方案，建立适当的数学模型对问题进行分析求解。

毕业要求 2-3：能够通过文献研究找到可替代解决方案，并结合核化工与核燃料工程专业知识进行比较和判断。

3. 设计/开发解决方案

能够设计针对核化工与核燃料工程领域相关的复杂工程问题的解决方案，设计满足特定需求的系统、功能单元（部件），并能够在设计环节中体现创新意识，考虑社会、健康、安全、法律、文化以及环境等因素。

毕业要求 3-1：掌握核化工与核燃料工程领域相关的工程设计的方法和技术，能够根据用户需求运用文献调研等基本分析方法确定设计目标，设计出解决方案。

毕业要求 3-2：能对核化工与核燃料工程领域复杂工程问题形成独到的见解，并提出有效解决方案。

毕业要求 3-3：能够在安全、环境、法律等现实约束条件下，通过技术经济评价对设计方案的可行性进行研究。

毕业要求 3-4：能够通过建模对核化工核燃料工程实践过程特定系统、功能单元进行设计，并对流程设计方案进行优选，在设计中体现创新意识。

毕业要求 3-5：能够用图纸、报告或实物等形式，呈现设计成果，并在设计中考虑到社会、健康、安全、法律、文化及环境等因素。

4. 研究

能够基于科学原理并采用科学方法对核化工与核燃料工程领域复杂工程问题进行研究，包括设计实验、分析与解释数据、并通过演绎推理得到合理有效的结论。

毕业要求 4-1：能够基于科学原理并采用科学方法对核化工与核燃料工程领域相关复杂问题进行调研、分析和设计实验方案。

毕业要求 4-2：能够根据实验方案构建实验系统，进行试验。

毕业要求 4-3：能够对实验结果进行分析和解释，并通过计算、归纳、演绎推理得到合理有效的结论。

5. 使用现代工具

能够针对核化工与核燃料工程领域的复杂工程问题，选择、使用合适的仪器、软件、信息检索工具、专业数据库和信息技术工具，包括对复杂工程问题的预测与模拟，能够理解其局限性，并开发新的技术解决方案加以改进。

毕业要求 5-1：掌握核化工与核燃料工程领域内常用的核仪器、软件、信息检索工具、专业数据库等的基本使用方法与原理。

毕业要求 5-2：能够选择与使用恰当的核仪器、信息资源、工程工具等，对复杂的核化工与核燃料工程问题进行设计、计算和分析等。

毕业要求 5-3：能够对设计方案进行安全性与合理性评价，能够理解核仪器、信息资源、工程工具等现代工具的局限性，开发新的技术解决方案加以改进。

6. 工程与社会

能够基于核化工与核燃料工程相关背景知识进行合理分析，评价实践和复杂工程问题解决方案对社会、健康、安全、法律以及文化的影响，并理解应承担的责任。

毕业要求 6-1：了解核与辐射安全的技术和法律、法规、标准和导则。

毕业要求 6-2：能够分析和评价核与辐射及普通化工实践或解决方案的安全性和合法性。

毕业要求 6-3：能够分析和评价核与辐射实践或普通化工解决方案对社会、健康、文化的影响。

毕业要求 6-4：能识别、量化和分析本专业新产品、新技术的开发和应用对社会、健康、安全、法律以及文化的潜在影响，理解应承担的责任，并致力于核安全文化建设。

7. 环境和可持续发展

能够理解和评价针对核化工与核燃料工程相关的复杂工程问题的工程实践对环境、社会可持续发展的影响。

毕业要求 7-1：能理解环境保护和社会可持续发展的必要性和现实意义。

毕业要求 7-2：熟悉环境保护的法律法规。

毕业要求 7-3：能对核化工与核燃料工程领域内各类系统及工程实践进行评价，并判断其对生态环境的不良影响。

8. 职业规范

具有良好的工程职业道德、爱国敬业精神和社会责任感，能够在核化工与核燃料工程实践中理解并遵守工程职业道德规范，履行责任。

毕业要求 8-1：掌握核化工与核燃料工程实践相关的历史、环境、法律、安全、文化、伦理等知识，具有人文科学素养和核安全文化素养。

毕业要求 8-2：尊重生命，关爱他人，主张正义，诚信守则，具有人文知识、思辩能力、处事能力和科学精神。

毕业要求 8-3：理解社会主义核心价值观，了解国情，维护国家利益，具有推动民族复兴和社会进步的责任感。

毕业要求 8-4：了解核化工与核燃料工程师的职业性质和责任，在工程实践中能自觉遵守职业道德和规范，具有法律意识。

9. 个人和团队

能够在交叉学科背景下的团队中承担个体、团队成员及负责人的角色。

毕业要求 9-1：能主动与其他学科成员合作开展工作。

毕业要求 9-2：能认知团队成员的角色与责任，独立完成团队分配的工作。

毕业要求 9-3：能倾听其他团队成员的意见。

毕业要求 9-4：能组织团队成员开展工作。

10. 沟通

就核化工与核燃料工程领域相关的复杂工程问题，能综合运用多种方式与业界同行及社会公众进行有效沟通和交流，包括撰写报告和设计文稿、陈述发言、清晰表达或回应指令，并具备一定的国际视野和跨文化背景沟通和交流能力。

毕业要求 10-1：能根据交流时机、场合，选择合适的沟通方式，具备较好的表达能力。

毕业要求 10-2：具备撰写交流汇报方案、文档的能力，能清晰展现和陈述沟通的内容和思想。

毕业要求 10-3：能将专业理论知识与实践相结合，沟通时能体现较强的专业素养。

11. 项目管理

掌握工程项目管理基础知识，把握项目管理的关键问题，能运用到核化工与核燃料工程实践项目中，并具备项目经理基础素质。

毕业要求 11-1：掌握项目管理知识，具有项目全局思维方式，能把握项目管理的关键问题。

毕业要求 11-2：能够综合运用项目管理知识及相关软件解决核化工与核燃料工程领域工程项目管理的实际问题。

毕业要求 11-3：具有项目经理应具备的规划、组织、协调及管理等基础素质。

12. 终身学习

具有自主学习和终身学习的意识，有不断学习和适应发展的能力。

毕业要求 12-1：能认识不断探索和学习的必要性，具有自主学习和终身学习的意识。

毕业要求 12-2：具有终身学习的知识基础，掌握自主学习的方法，了解拓展知识和能力的途径。

毕业要求 12-3：能针对个人或职业发展的需求，采用合适的方法，自主学习，适应社会和行业发展。

表 2　本专业毕业要求与培养目标的关系矩阵图（○表示相关）

培养目标毕业要求	目标 1	目标 2	目标 3
毕业要求 1	○		
毕业要求 2	○		

续表

培养目标毕业要求	目标 1	目标 2	目标 3
毕业要求 3		○	
毕业要求 4	○		○
毕业要求 5		○	
毕业要求 6		○	
毕业要求 7		○	
毕业要求 8		○	
毕业要求 9			○
毕业要求 10			○
毕业要求 11			○
毕业要求 12	○	○	○

注：各专业应在对培养目标进行解析的基础上，按照本专业列出的毕业要求，建立两者之间的支撑关系。

四、学制、学历、学位和毕业条件

学制：本专业以四年为基本学制，实行灵活的学习年限，允许学生根据自己条件缩短或延续在校学习年限。

学历：大学本科。

毕业条件：学生在学制期内政治思想表现良好，遵纪守法；完成规定的必修课程和选修课程，学分达到 170 分者，准予毕业。

注：（1）公共选修课需修满至少 6 学分。

（2）学生应从学科基础选修课中选修至少 32 学时/2 学分。

（3）学生应从专业方向选修课中选修至少 240 学时/15 学分。

学位：达到毕业条件，所有学位课程的加权成绩不低于 65 分，符合学位授予条件者，可授予核化工与核燃料工程工学学士学位。

表 3　核化工与核燃料工程专业课程学分结构表

课程模块类别		必修课		选修课		合计		占总学分比例/%
		学分	学时/周	学分	学时/周	学分	学时/周	
通修通识教育课程	理论教学	30.7	568	12	192	42.7	760	25.1
	实验教学	4.8	90	0	0	4.8	90	2.8
专业教育课程	理论教学	57.5	920	2	32	59.5	952	35.0
	实验教学	13	208	0	0	13	208	7.7
集中实践教育课程		30	35.5w	0	0	30	35.5w	17.7
多元化培养课程	科技创新类	0	0	5	32+3w	5	32+3w	2.9
	专业方向选修课程	0	0	15	240	15	240	8.8
合计		136	1 786+35.5w	34	496+3w	170	2 282+38.5w	100
实验课（含课内实验）		17.8	298	0	0	17.8	298	10.5

五、学位课程与核心课程

1. 学位课程

大学英语（Ⅱ）、高等数学（BI）、无机化学及分析化学（含仪器分析）、化工原理、放射化学、核燃料工艺学、核燃料后处理工程、辐射防护与辐射测量。

2. 核心课程

无机化学及分析化学（含仪器分析）、物理化学、化工原理、放射化学、核燃料工艺学、核燃料后处理工程、辐射防护与辐射测量、原子核物理。

六、主要实践性教学环节

在基础实践环节和专业课程的课内实验之外，主要有基础实验、有机实验、化工原理实验、专业实验 I、专业实验 II 等独立实验教学和工程训练与金工实习、化工单元课程设计、核化工与核燃料工程专业综合课程设计、认识实习、生产实习、毕业实习、毕业设计与毕业论文等集中性实践教学，还有多元化培养中的科技创新实践环节，卓越班学生更是加强了实验、实践环节教学，使总的实验实践教学环节等效学分占总学分的比重达到32.8%。

课程教学流程图与关系矩阵（见附图）

表 4　课程设置与毕业要求实现的关系矩阵

课程信息		毕业要求（与培养要求要对应）											
课程模块	课程名称	1	2	3	4	5	6	7	8	9	10	11	12
		工程知识	问题分析	设计/开发解决方案	研究	使用现代工具	工程与社会	环境和可持续发展	职业规范	个人和团队	沟通	项目管理	终身学习
通修通识教育课程	中国近现代史纲要		H				L						M
	思想道德修养与法律基础		H						L		M		M
	马克思主义基本原理概论		H		L								M
	毛泽东思想和中国特色社会主义理论体系概论		H							M			M
	形势与政策（Ⅰ）		H	M							L		
	形势与政策（Ⅱ）		H	M							L		
	形势与政策（Ⅲ）		H	M							L		
	形势与政策（Ⅳ）		H	M							L		
	军事理论与国家安全		H				L		M				
	大学英语（Ⅰ）					M					H		L
	大学英语（Ⅱ）												
	大学进阶英语					M					M		L
	大学计算机基础					H							L

续表

课程信息		毕业要求（与培养要求要对应）											
课程模块	课程名称	1	2	3	4	5	6	7	8	9	10	11	12
		工程知识	问题分析	设计/开发解决方案	研究	使用现代工具	工程与社会	环境和可持续发展	职业规范	个人和团队	沟通	项目管理	终身学习
通修通识教育课程	大学体育（Ⅰ）										M		M
	大学体育（Ⅱ）										M		M
	大学体育（Ⅲ）										M		M
	大学体育（Ⅳ）										M		M
	大学生创新创业基础									H	M	M	
	大学生职业发展与就业指导（Ⅰ）						L		M	L	L		
	大学生职业发展与就业指导（Ⅱ）						L		M	L	L		
	大学生职业发展与就业指导（Ⅲ）						L		M	L	L		
	大学拓展英语									L	M		L
	大学生心理健康教育								H		M		L
	劳动教育							L	L		M		M
	美育类课程										L		H
	公共选修课（含校本特色课程、人文与经管类、自然科学类、环境与安全类、优秀传统文化类、美育类、劳育类课程等）							M			M		M
专业教育课程	高等数学（BI）	M	L									L	L
	高等数学（BII）	M	L									L	L
	线性代数	M	L										L
	概率论与数理统计	M			M							L	
	工程制图	M		L		M							
	高级语言程序设计（C）					H							L

续表

课程信息		毕业要求（与培养要求要对应）											
课程模块	课程名称	1 工程知识	2 问题分析	3 设计/开发解决方案	4 研究	5 使用现代工具	6 工程与社会	7 环境和可持续发展	8 职业规范	9 个人和团队	10 沟通	11 项目管理	12 终身学习
专业教育课程	大学物理（BI）	M	M		M								L
	大学物理（BII）	M	M		M								L
	大学物理实验（B）	L	M	M						M			
	项目管理	L	L									H	
	核化工与核燃料工程专业导论	M							M				M
	无机化学及分析化学		M	M	L			M					
	物理化学		M		M	M							
	有机化学	M		H	M			M					
	化工原理	H		M			M						
	化工原理实验	H	M	M			M						
	化工机械	H		M		M							
	原子核物理		M		M	M							
	放射化学		M		H			M					
	核燃料工艺学	H		M			M						
	核燃料后处理工程	H	L	L			M	M					
	核辐射测量与防护		M			M		M		M			
	核电子学与核仪器		M	M		M							
	核应急与核安全法律法规						M	M	H			M	
	专业实验Ⅰ（放射化学、化工类）			M		M		M		M			
	专业实验Ⅱ（核辐射测量类）		M			L				H			

续表

课程信息		毕业要求（与培养要求要对应）											
课程模块	课程名称	1 工程知识	2 问题分析	3 设计/开发解决方案	4 研究	5 使用现代工具	6 工程与社会	7 环境和可持续发展	8 职业规范	9 个人和团队	10 沟通	11 项目管理	12 终身学习
集中实践教育课程	思想政治理论课社会实践（Ⅰ）						L						M
	思想政治理论课社会实践（Ⅱ）						L						M
	军事技能训练									H	M		
	工程训练与金工实习	L				M	H				L		
	劳动实践周							L	L		M		M
	认识实习						H		M				
	生产实习	H							M		M		
	化工单元课程设计		M	H			L	M					
	核化工专业综合课程设计	M	M	H			L	M					
	毕业实习	M					M		H				
	毕业设计（论文）	M	M	H	M	M					M		
多元化培养课程	核化工科技创新理论与实践			H		M				M	M		M
	第二课堂（课外科技活动等）						M		M	M	M		
	核化工仪表及自动化	H		M			M					M	
	专业英语				M					M	H		
	核技术应用	M				M	M	M					
	核环境学基础	M	M				M	H					
	核化工软件基础			M		H							
	核化工工程模拟与仿真				M	M	M						
	核材料导论	M			M			M					

续表

课程信息		毕业要求（与培养要求要对应）											
课程模块	课程名称	1	2	3	4	5	6	7	8	9	10	11	12
		工程知识	问题分析	设计/开发解决方案	研究	使用现代工具	工程与社会	环境和可持续发展	职业规范	个人和团队	沟通	项目管理	终身学习
多元化培养课程	铀矿冶分析	M	M			M		H					
	化工设计	M	M				M	M					
	同位素分离原理	H	M	M	M								
	核设施退役工程	M		M									
	放射性废物处理与处置	H		M			M						

说明：本表主要反映本专业课程体系对毕业要求的支撑关系，关联度最高的课程用符号“H”表示、其次用“M”表示、再次用“L”表示。

八、课程设置与进度表（共170学分）

课程模块	课程代码	课程名称	考核类型	学时/h 学分/Crs	其中实验学时	各学期学时							
						一	二	三	四	五	六	七	八
通识通修教育课程	必修课程（共35.5学分）												
	MY1001TB	思想道德修养与法律基础	考试	48/3	8	48							
	MY2001TB	中国近现代史纲要	考试	48/3	8		48						
	MY3001TB	马克思主义基本原理概论	考试	48/3	8			48					
	MY4001TB	毛泽东思想和中国特色社会主义理论体系概论	考试	48/3	8				48				
	MY1002TB	形势与政策（Ⅰ）	考查	8/0.5		8							
	MY1003TB	形势与政策（Ⅱ）	考查	8/0.5			8						
	MY1004TB	形势与政策（Ⅲ）	考查	8/0.5				8					
	MY1005TB	形势与政策（Ⅳ）	考查	8/0.5					8				

续表

课程模块	课程代码	课程名称	考核类型	学时/h 学分/Crs	其中实验学时	各学期学时 一	二	三	四	五	六	七	八
通识通修教育课程	GF2001TB	军事理论与国家安全	考查	36/2		36							
	WY2001TB	大学英语（Ⅰ）	考试	48/3		48							
	WY2002TW	大学英语（Ⅱ）	考试	48/3			48						
	WY2003TB	大学进阶英语	考查	32/2				32					
	XG1001TB	大学计算机基础	考查	24/1.5	12	24							
	TY2001TB	大学体育（Ⅰ）	考查	36/1	6	36							
	TY2002TB	大学体育（Ⅱ）	考查	36/1	6		36						
	TY2003TB	大学体育（Ⅲ）	考查	36/1	6			36					
	TY2004TB	大学体育（Ⅳ）	考查	36/1	6				36				
	CX1001TB	大学生创新创业基础	考查	32/2	6								
	JY1001TB	大学生职业发展与就业指导（Ⅰ）	考查	18/1			18						
	JY1002TB	大学生职业发展与就业指导（Ⅱ）	考查	10/0.5					10				
	JY1003TB	大学生职业发展与就业指导（Ⅲ）	考查	10/0.5							10		
	（各专业按规则编码）	劳动教育	考查	32/2	16	8		8		8		8	
	选修课程（除限定之外全校所有专业）（共 12 学分）												
	WY2004TX	大学拓展英语	考查	32/2					32				
	JX1001TX	大学生心理健康教育	考查	32/2		16			16				
		美育类课程	考查	/2									
		公共选修课（含校本特色课程、四史教育与红色文化、人文社科类、自然科学类、艺术体育类、环境与安全类课程等）	考查	/6									

续表

课程模块	课程代码	课程名称	考核类型	学时/h 学分/Crs	其中实验学时	各学期学时							
						一	二	三	四	五	六	七	八
专业教育课程	学科基础必修课程（共 26 学分）												
	LX5003ZW	高等数学（BⅠ）	考试	64/4		64							
	LX5005ZB	高等数学（BⅡ）	考试	64/4			64						
	LX5008ZB	线性代数	考试	32/2				32					
	LX5009ZB	概率论与数理统计	考试	48/3					48				
	JD6001ZB	工程制图	考查	32/2									
	XG1004ZB	高级语言程序设计（C）	考试	48/3	16		48						
	LX6003ZB	大学物理（BⅠ）	考试	48/3			48						
	LX6004ZB	大学物理（BⅡ）	考试	48/3				48					
	LX6010ZB	大学物理实验（B）	考查	32/2	32		32						
	学科基础选修课程（各专业按照比例要求确定学生至少应修学分数）（共 2 学分）												
	JG7002ZR	项目管理	考查	32/2									
	专业知识必修课程（共 44.5 学分）												
	HG3001ZB	核化工与核燃料工程专业导论	考查	16/1		16							
		无机化学及分析化学	考试	80/5	16	64							
		物理化学	考试	48/3				48					
		有机化学	考试	56/3.5	16		40						
	HG3002ZB	化工机械	考试	32/2						32			
	HG3003ZB	原子核物理	考试	40/2.5					40				
	HG3004ZW	放射化学	考试	48/3					48				
	HG3005ZW	核燃料工艺学	考试	48/3						48			
	HG3006ZW	核燃料后处理工程	考试	40/2.5							40		
	HG3007ZW	化工原理	考试	64/4					64				

续表

课程模块	课程代码	课程名称	考核类型	学时/h 学分/Crs	其中实验学时	各学期学时							
						一	二	三	四	五	六	七	八
专业教育课程	HG3008ZW	辐射防护与辐射测量	考试	48/3						48			
	HG3009ZB	核电子学与核仪器	考试	32/2						32			
	HG3010ZB	核应急与核安全法律法规调到必修课中	考查	32/2						32			
	HG3011ZB	专业实验 I	考查	72/4.5	72						72		
	HG3012ZB	专业实验 II	考查	40/2.5	40							40	
	HG3013ZB	化工原理实验	考查	16/1	16				16				
集中实践教育课程	集中实践教育必修课程（共 30）												
	基础实践类												
	MY2002PB	思想政治理论课社会实践（Ⅰ）	考查	1w/1			1w						2
	MY2003PB	思想政治理论课社会实践（Ⅱ）	考查	1w/1					1w				4
	GF2001PB	军事技能训练	考查	3w/1.5		3w							1
	JD5001PB	工程训练与金工实习	考查	1w/1									
	专业实践类												
	HG3001PB	劳动周	考查	4w		1w		1w		1w		1w	
	HG3002PB	认识实习	考查	0.5w/0.5						0.5w			
	HG3003PB	生产实习	考查	4w/4								4w	
	HG3004PB	化工单元课程设计	考查	2w/2						2w			
	HG3005PB	核化工与核燃料工程专业综合课程设计	考查	2w/2							2w		
		（以下安排综合实践类）											
	HG3006PB	毕业实习	考查	4w/4									4w
	HG3007PB	毕业设计（论文）	考查	13w/13									13w

续表

课程模块	课程代码	课程名称	考核类型	学时/h 学分/Crs	其中实验学时	各学期学时							
						一	二	三	四	五	六	七	八
多元化培养课程	多元化培养限定选修课程												
	HG3026DB	核化工科技创新理论与实践	考查	32/2 或 2w/2						32			
	HG3027DB	课外科技活动	考查	/3									
	核化工与核燃料工程专业方向选修课程（15 学分）												
	HG3101DX	核化工仪表及自动化调至选修课	考查	32/2						32			
	HG3102DX	专业英语	考查	32/2							32		
	HG3103DR	核技术应用	考查	32/2						32			
	HG3104DR	核环境学基础	考查	32/2							32		
	HG3105DR	核化工软件基础	考查	32/2	16					32			
	HG3106DR	核化工工程模拟与仿真	考查	32/2	24						32		
	HG3107DX	核材料导论	考查	32/2						32			
	HG3108DX	铀矿冶分析	考查	32/2					32				
	HG3109DX	化工设计	考查	32/2							32		
	HG3110DR	同位素分离原理	考查	32/2						32			
	HG3111DR	核设施退役工程	考查	32/2							32		
	HG3112DR	放射性废物处理与处置	考查	32/2							32		
每学期平均周学时（含实验学时）													

九、责任书

执笔人	耿彦霞	录入人	耿彦霞
参加讨论人	于　涛　花　榕　耿彦霞　王　云　王有群　任　鹏　王芝芬　李　阳　王英财　柳玉辉　王未然　王长福　李传斌　程仲平　董志敏		
专业负责人	花榕	院长	刘义保
校对人	王云	制订日期	2022.4.29

附图：

核化工与核燃料工程教学流程图

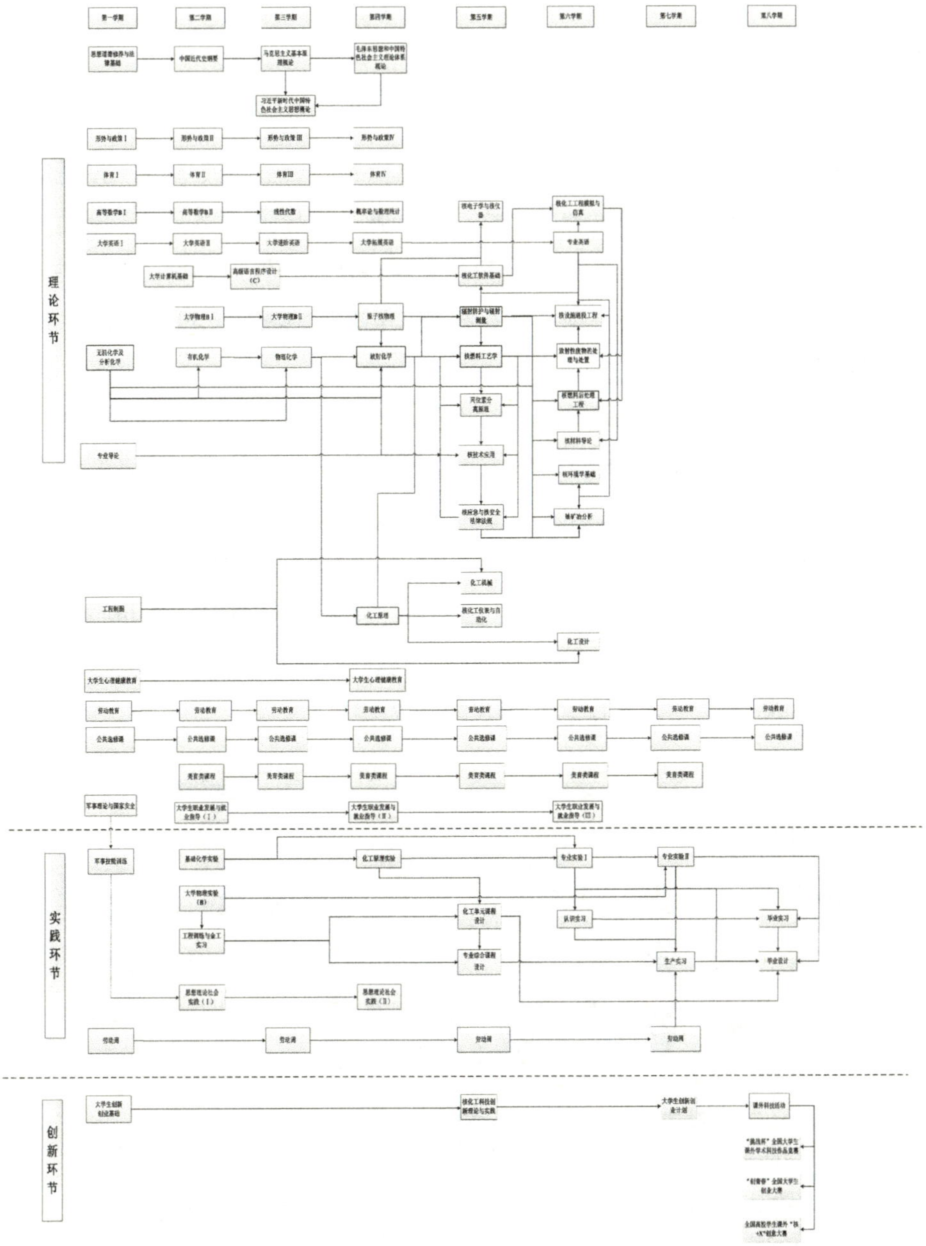

附录四 “两弹一星”元勋

“两弹一星”，最初是指原子弹、导弹和人造卫星。其中，一弹是原子弹，后来演变为原子弹和氢弹的合称；另一弹是指导弹。“一星”则是人造地球卫星 。作为中华人民共和国最初几十年科技实力发展的标志性事件，两弹一星也时常被用来泛指中国近代在科技、军事等领域独立自主、团结协作、创业发展的成果。

“两弹一星”元勋，是指为中国“两弹一星”事业作出突出贡献的 23 位科学家。1999 年 9 月 18 日，党中央、国务院、中央军委隆重表彰为中国“两弹一星”事业作出突出贡献的 23 位科技专家，并授予于敏、王大珩、王希季、朱光亚、任新民、孙家栋、杨嘉墀、吴自良、陈芳允、陈能宽、周光召、钱学森、黄纬禄、屠守锷、彭桓武、程开甲“两弹一星功勋奖章”，追授王淦昌、邓稼先、赵九章、姚桐斌、钱骥、钱三强、郭永怀他们“两弹一星功勋奖章”（以上排名按姓氏笔画为序）。

后 记

核科学是一门由基础科学、技术科学及工程科学组成的综合性很强的尖端学科，核化工与核燃料工程是其中一门具有国防特色背景、适应清洁能源迫切需求、符合国家新兴发展战略的分支学科。

希望通过本课程教学，学生能够了解到中国核工业发展概况，认同“严细融入一切”的中国核工业精神；熟悉掌握核科学与技术的定义及主要应用领域，核燃料循环具体包含环节，形成工程意识；同时在课程学习中，逐步掌握科学的学习方法，学会自主扩展知识面，增强独立思考的能力；养成爱观察、善分析、能综合、勤归纳的习惯，培养自主发现问题和提出问题的能力；学会利用核燃料工艺学的原理方法分析生产、生活中的一些实际问题，并对某些问题能够提出自己的解决方案，激发求知热情、探索精神和创新欲望，逐步增强认识和掌握科学规律的自主能力。

最后，希望通过本课程，学生更好地了解核化工与核燃料工程专业的所学专业课程、就业方向，尽快适应大学的学习节奏，提前做好大学新阶段的学习规划和未来目标，“核你在一起”，共度无悔的大学时光。